排隊店的水果甜點在家做

瑞昇文化

Fruits Parlour Part 1

水果甜點屋 日本老舖&超人氣名店 Best 24

contents

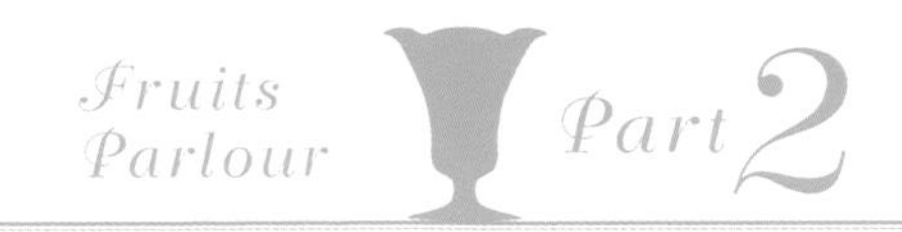

最愛水果類甜點的料理研究者們的精心食譜

超愛水果甜點屋，鍾愛到無法自拔！

水果甜點屋的人氣再度復甦了。
門前大排長龍的店家也並不稀奇。

這些水果甜點屋的店主們，
皆異口同聲地表示：
「總覺得有種『好希望能吃到像藝術品一般、
真正美味的道地甜點呢！』的心情」。

前來品嚐的顧客層也更加廣泛了。
這幾年，特別是隻身前來的男性顧客增加不少，
據說來店的年齡層，也均勻分布在20多歲～80多歲之間。

不過，「水果甜點屋」到底是什麼？
其實，就是使用水果做成甜點或飲品提供給顧客品嚐的咖啡店。
水果甜點屋和咖啡館或普通咖啡店的不同之處，在於

水果是主角！主角是水果！

這一點。

Fruits
Parlour

Part 1

水果甜點屋
日本老舖＆超人氣名店
Best 24

對外行人而言，要參透水果的美味是相當困難的。
多數人是依自己的判斷挑選購買，沒想到回家後，卻發現一點也不好吃，
有多次的失敗經驗。
總是要食用後才能知道是否美味，好幾次都失望收場。

要挑選美味的水果，需要專家的眼光和建議，
然而在當前這個時代，這些專家所開設的「水果店」已經逐漸從街市上消失了。

不過，我們不是還有「水果甜點屋」嗎！

有眾多食譜菜單大量使用了經過精挑細選、正是美味時節的水果搭配。

例如：如同花束一般討人喜愛、散發出閃耀光輝的水果聖代。
大口吃掉會感覺萬分可惜的水果三明治，
以及淋上大量果醬的水果刨冰。
還有一直以來都廣受愛戴的法式布丁拼盤（Le Pudding a la mode）
及水果潘趣酒（Fruit Punch）。
在水果甜點店才有的、外皮酥脆內裡鬆軟的鬆餅上，擺放豐富又多樣的水果，
然後再搭配一杯新鮮現搾的鮮果汁。
本書所介紹的，是從水果甜點屋的愛好者們熱烈推薦的人氣名店中
精選出位於東京、名古屋、京都、大阪、神戶等
共24間日本老舖及超人氣的水果甜點屋。

在取材時特別情商店家允許攝影器材一起深入廚房，
進行至今尚未公開過的「甜點美味的秘訣」。

即使只是翻閱本書的照片，
依然宛如是觀賞甜點屋的菜單般，令人燃起幸福的感動。

這是絕對值得收藏的永久保存版！

連同業們都會低調前來的走在先進潮流中的甜點屋

和歌山產的水蜜桃（白鳳）聖代
1230日圓（含稅）

每逢7月～8月，獲得壓倒性超人氣好評的是「水蜜桃聖代」。品種雖然會依當時狀態變動，但拍攝時使用的是「白鳳」（和歌山產）。它的果肉偏白，酸味較少，鮮嫩多汁且帶有高雅甜味是其特徵。宛如少女般嬌嫩外型的水蜜桃聖代很多，然而，後藤主廚設計的水蜜桃聖代，卻給人簡樸高雅又時尚的不同風情。

水果甜點屋　後藤（フルーツパーラー　ゴトー）

「水果甜點屋　後藤」，無論是水果冰淇淋、蜜餞與果醬、還是風味醬汁等，全部都由店家手工製作。店家的「講究」深受外界好評，現在也理所當然的，是整天都有成群顧客在門前大排長龍的人氣名店。私下低調前來的同業也相當多，是極受矚目的超人氣店家。

然而在5年前，這裡也曾有過1整天只有2位顧客的景況。

「這是因為前來品嚐咖啡的顧客遠比點聖代的顧客多。」

如此一來，不只是整天閒暇無事，甚至眼前的水果也逐漸腐爛而不得不丟棄……。

「沒錯。託各位的福，因為有時間和水果的幫助，才開始嘗試製作冰淇淋和醬汁。不過，因為我從來沒拿過菜刀……。」啥？什麼？這是怎麼回事？

「我在那之前一直只有做甜點這項單一的工作，料理則全部交由母親和妻子打點。但後來因諸多事由不得不接手家族生意，現在則是以兼職的狀態製作甜點。」

據說自那時開始，佐藤先生與生俱來的料理魂燃起了火焰，開始專心致力於料理食譜與精緻擺盤的世界。一回過神，便已成為現在這般廣受喜愛的人氣名店。

「現在啊，不僅很難休假，也相當耗費成本和時間，所以其實賺得不多。不過，顧客願意前來光顧真的讓我非常感謝，相當開心呢！」

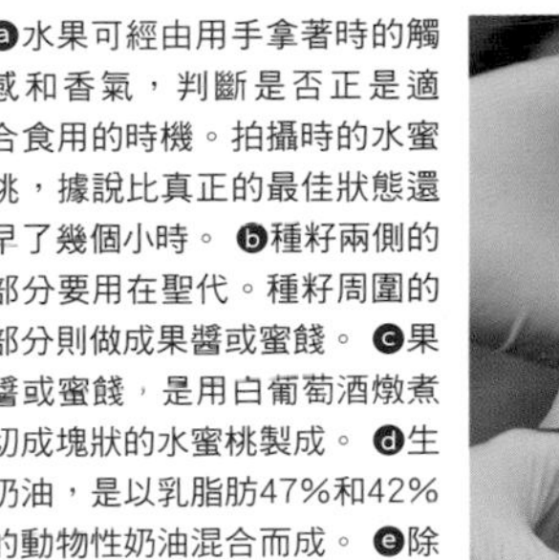

冰西瓜也超人氣！

千葉產的冰西瓜
830日圓（含稅）

冰塊會在食用的過程中逐漸溶解，因此為了避免吃到最後時的味道變淡，會在裝盤前先在容器裡淋上糖漿。殘留在容器內的果汁也相當美味，所以店家會附上吸管供顧客吸吮。

甜點美味的秘訣

ⓐ水果可經由用手拿著時的觸感和香氣，判斷是否正是適合食用的時機。拍攝時的水蜜桃，據說比真正的最佳狀態還早了幾個小時。ⓑ種籽兩側的部分要用在聖代。種籽周圍的部分則做成果醬或蜜餞。ⓒ果醬或蜜餞，是用白葡萄酒燉煮切成塊狀的水蜜桃製成。ⓓ生奶油，是以乳脂肪47%和42%的動物性奶油混合而成。ⓔ除了香草冰淇淋以外，所有的水果冰淇淋皆為店家手工製作。

甜點美味的秘訣

淋在刨冰上的糖漿，是將取下西瓜籽的西瓜和糖漿混合後，再用果汁機攪拌製成的。擺放在四周圍的西瓜，則使用西瓜正中間最美味的部位。每個盤子上，使用西瓜1/16的量。

菜單中會詳細記載產地、品種、使用的水果特徵等。據說是「不只是追求料理的美味，對食材講究的顧客近期也大幅增加了」的緣故，才開始有了這樣的改變。

甜點美味的秘訣

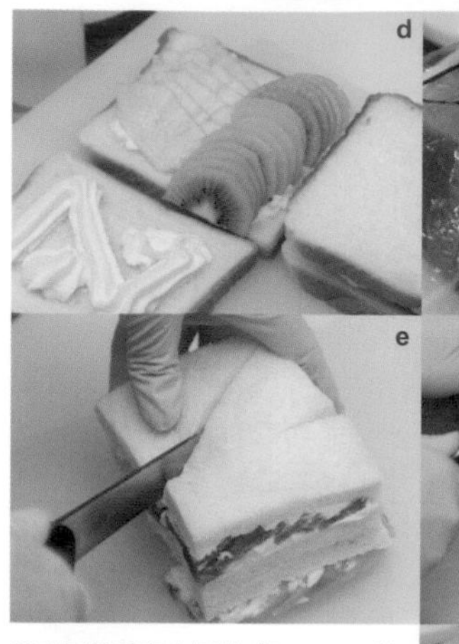

ⓐ吐司使用高人氣的「Pelican」的未切片吐司。店主與「Pelican」的交往，始自上一代仍在水果店中兼設水果客室※時，便一直持續有往來。 ⓑ吐司在顧客點餐後才會切片。 ⓒ三明治的夾心材料為西瓜、綠色奇異果、金黃奇異果、香蕉、鳳梨。其中，奇異果同時使用2種顏色，能使味道和顏色都取得平衡。 ⓓ在吐司上塗抹薄鹽人造奶油（Margarine，乳瑪琳），再排列水果。切開吐司時，會發現水果的配置，幾乎是每切片的三明治上都有1種水果作為夾心。 ⓔ可切開成三角形和正方形，讓擺盤狀態（外觀）也活潑有趣。

※水果客室：飯店的休息室或會客室，以洋菓子和飲料為主的咖啡館。

水果三明治 850日圓（含稅）
迷你水果三明治 450日圓（含稅）

供應水果三明治

夏季水果三明治的夾心裡會放入西瓜。期待西瓜風味的粉絲眾多，甚至有顧客要求純西瓜夾心的三明治。秋季時，則是柿子非常受歡迎。

左起為鈴木光小姐、店主後藤先生、店主母親節子女士、以及石井皇代小姐。據說鈴木小姐和石井小姐雖是「水果甜點屋　後藤」的常客，卻在不知不覺間已經成了「店內部的人」。

配置上採用成熟的李子再加上1片依然嫩黃的李子，讓口感和外觀皆呈現鮮明狀態。裡面含有店家自製的李子冰淇淋和醬汁。這道甜點的愛好者也非常多。

李子聖代 1230日圓（含稅）

果醬和蜜餞也全部純手工製作

聖代和刨冰當中添加的果醬、蜜餞、醬汁、水果冰淇淋，全都是店家純手工製作的。「委外製作的產品如果比自製的口感更美味，我們會選擇另外訂購，例如香草冰淇淋或吐司等，其他則採取全部自製的方針。」

「後藤果實店」於1945年間以高級水果店之姿創立。其後，上一代店主兼設了水果客室，更名為「後藤水果」。9年前，以「水果甜點屋　後藤」的新名稱，正式成為甜點專門店。
店址：日本國東京都台東區淺草2-15-4
電話：-81-3-3844-6988　營業：11：00～19：00（L.O. 19：00）
公休：週三（盂蘭盆節、新年期間皆正常營業）
距筑波特快車淺草站走路4分鐘

9年前重新裝潢成混凝土空間的店內，和復古傳統的水果甜點屋感覺不同，這也非常符合後藤先生的風格。

千疋屋總店（せんびきやそうほんてん）

「千疋屋總店」，是在1834年以經營水果和蔬菜的「水果便宜販售處（水菓子安売り処）」創立。1887年，開設了「果物食堂」，成為水果甜點屋的先鋒。屬於水果甜點屋老舖中的老舖。

店內的人氣餐點，莫過於「水果三明治」和「千疋屋招牌特製聖代」。這一點絕對無庸置疑。只不過，還有一項絕不能遺漏的餐點。那就是：在雪白冰涼的鮮奶中，漂浮著夾著冰淇淋的蛋糕「美式水果蛋糕」。這道餐點無論在口感或是外觀上都讓人深感不可思議，喜愛這道點心的顧客非常多，甚至也有很多顧客只要一提起千疋屋總店，立刻會有「啊！就是那個！那個超好吃！」的反應。不過，用美式熱鬆餅（Hot Biscuits）夾著奶油食用，和一般的美式水果蛋糕不太一樣吧？

這也難怪。據說，這個蛋糕其實是上一輩的第五代店主前往美國視察訪問時，看見一般美國家庭端上桌的美式水果蛋糕，從中獲得的創意。對於當時的民眾而言，想必這一定是既時尚又別出心裁的口味。

美式水果蛋糕
972日圓（含稅）

在吸附了鮮奶的海綿蛋糕體上擺放香草冰淇淋，再擠上鮮奶油並淋上草莓醬，然後食用。有某種懷念的感覺，不對，應該也算是帶有革新般氣息的甜點。還沒有體驗過的人，請務必一嚐！

第五代店主帶回的異國風味

千疋屋之謎

您知道，以「千疋屋」為名的水果甜點屋共有3家嗎？其一，是「千疋屋總店」。自總店起家後，1881年開設了「京橋千疋屋」，1894年則又開設了「銀座千疋屋」。各甜點屋供應的餐點菜單和食譜並不相同。偶爾會有「和之前吃過的味道不一樣！」而感到震驚的顧客，但如此，單以水果三明治為例，口感就有令人驚訝般的差異。話雖如此，3店依然有「不偏離千疋屋品牌主軸！」的共識。3店會舉辦共同研修會，或是各部門的交流會。至今，千疋屋的同仁們感情仍非常好。

美式水果蛋糕 美味的理由

海綿蛋糕體，為了能輕易吸附鮮奶，而做成紋理質地較粗的狀態。這完全是專門為了製作「美式水果蛋糕」而烘焙的。將冰淇淋夾在海綿蛋糕體當中，然後在表層擠上鮮奶油和草莓醬，最後才安靜地注入鮮奶。容器事前先冷卻冰涼也是製作時的一大重點。

綜合水果聖代也極受歡迎！

若提起在水果甜點屋千疋屋總店中最受到歡迎的人氣餐點，那絕對會是「千疋屋招牌特製聖代」。將草莓醬→香草冰淇淋→芒果醬→芒果雪泥→鮮奶油→香蕉冰淇淋依序層層堆疊後，再以水果和鮮奶油做最後裝飾。冰淇淋和雪泥（冰凍果子露）都是為了帶出主角水果的風味而特別開發出來的創意食譜。芒果醬則是店家自行在廚房製作的特製品。甜點屋的執行總主廚──兩角先生表示，「將層次做出美感，是料理人展現出技法之所在」。他還提到，「水果切片的大小，太大或太小都不行。根據研究結果，用於聖代時，這個大小正好」。

千疋屋招牌特製聖代　1836日圓（含稅）

供應水果三明治

水果的厚度和奶油等，連細部問題也相當講究。雖是這麼說，但如果水果不好吃，就本利盡失，什麼都談不上了。原本，門市使用的是正逢味甜合宜之際、用來送禮回禮的上等水果，但現在門市的規模較以往大，已開始專為甜點屋採購、管理，挑選最好的水果送至門市。這些值得肯定的高技術專業知識與訣竅，深獲同行尊重。

水果三明治
1188日圓（含稅）

甜點美味的秘訣

奶油，為追求不至於太厚重也不至於太稀薄的結果，決定以脂肪含量45%的鮮奶油和27%的植物性奶油混合調製。考量到切開後的美感，水果的厚度決定為3mm。作為夾心餡料的水果，固定有草莓、鳳梨、奇異果、木瓜。切開前會先用保鮮膜包裹冷卻，讓味道充分入味。附帶一提，十數年前還曾經將切成細絲的水果沾裹奶油後，做成夾心餡料夾在麵包裡等等。

左起為甜點屋執行總主廚兩角先生，擔任餐點服務的是主管太田小姐、木村小姐、山崎小姐，以及店長岩崎先生。兩角先生表示：「要正確分辨纖細水果的好壞，只有每天動腦、親近水果、累積經驗。除此之外別無他法」。

個人專用刀具的傳統

「千疋屋總店」的廚房員工們，皆使用自己專屬的水果刀具進行餐點製作。他們每個人都為了尋找最適合自己的一把刀具，而在合羽橋的器具屋（專賣烘焙器具的商店街）等四處尋覓。「其實，我現在使用的刀，是執行總主廚兩角先生讓給我的。真的非常好使用，但是已經停產了……。」這是廚房員工太田小姐的發表。老舖的用心和驕傲，由此可見一斑。

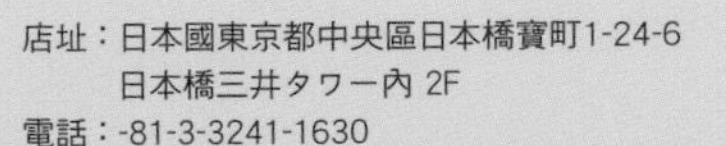

1樓設有送禮回禮專用的禮品販賣店，也可以外帶水果三明治等。

店址：日本國東京都中央區日本橋寶町1-24-6
　　　日本橋三井タワー內 2F
電話：-81-3-3241-1630
營業：週一～週六11：00～22：00（L.O. 21：30）
　　　週日、例假日11：00～21：00（L.O. 20：30）
http://www.sembikiya.co.jp

兩角先生表示：「沒有吃過水果正逢味甜合宜狀態的人非常多。例如奇異果，有些顧客會認為它應該是酸的。讓顧客知道水果真正的風味，也是水果甜點屋的重大責任」。

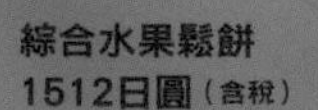

綜合水果鬆餅
1512日圓(含稅)

擺上哈密瓜、蘋果、鳳梨、木瓜、奇異果、藍莓、覆盆子、其他當季水果，是水果屋才有的、奢侈的綜合水果鬆餅。

具有強烈個性風味的老舖，熱情粉絲眾多

京橋千疋屋　表參道原宿店（きょうばしせんびきや）

店長　藤原智康先生

「清楚知道水果的美味時節是何時的顧客非常多。正當我想著有香甜的水蜜桃送來了的時候，就有顧客點了水蜜桃的餐點。讓我覺得做得非常有價值。」

總之，「京橋千疋屋」的每道餐點食譜都是既獨創又簡潔的。

例如，「綜合水果鬆餅」。與其說是甜點，反而更像是帶有彈性的焦香麵包呢。

「這個鬆餅，要和水果及冰淇淋一起吃，才算是完成的口味喔！」店長藤原先生這樣說。

「水果三明治」也一樣。在吐司中夾入的奶油，只使用具有酸味的酸奶油。甜味全都來自於水果！這種簡潔的清爽感，是在別處吃不到的好滋味。

「水果咖哩」也以創意餐點而聞名，但絕對不是只有企劃走在前頭，實品也是令人驚豔。經由和咖哩醬的組合，發現水果的新個性，因此吃過的人無不讚賞。也能因此得知這是擁有死忠粉絲的長期熱銷餐點。

因為這些原因，今日想吃水果三明治時，顧客不再是隨意挑選店家，而是專門為了「京橋千疋屋」的水果三明治，特地前往品嚐。這樣的顧客還不在少數呢！

水果咖哩
1512日圓（含稅）

以乾果取代福神漬（白蘿蔔、泡菜、醬菜等醃漬品）提供給顧客。

水果咖哩也極受歡迎！

咖哩醬的辛辣感很強烈。基底是鮮雞高湯、芒果泥、多種辣椒。然後再以火龍果、蘋果、香蕉、芒果、木瓜、鳳梨、奇異果、藍莓、覆盆子、其他當季水果等進行裝飾。

甜點美味的秘訣

在鬆餅的麵糊中放入極少量的檸檬皮和果汁，能讓口感更清爽。鬆餅的甜度，會根據水果的甜味和酸味，以及搭配覆盆子醬一起食用時所感到的美味感，進行調整。

表參道原宿店，是在東京奧林匹克時才開幕的。

店址：日本國東京都渋谷區神宮前1-11-11 グリーンファンタジア 1F
電話：-81-3-3403-2550
營業：10：00～22：00
（甜點L.O. 21：30）
公休：無休
http://www.sembikiya.co.jp
距原宿站走路4分鐘
距明治神宮前站走路1分鐘

供應水果三明治

值得特別一提的是「奶油」。這裡只有使用酸奶油（Sour cream）！然後將木瓜、蘋果、香蕉放進酸奶油中充分攪拌，讓水果的甜味轉移到奶油上。奶油的酸味和切成薄片的脆口蘋果的口感堪稱絕配，喜愛這種風味的人很多。也把切成厚度約1mm薄的木瓜、鳳梨、草莓、奇異果等夾在其中。另外，在麵包上塗抹薄薄一層檸檬奶油的情形也很少見。因為店家使用黑麥麵包和白吐司，外觀出色是必然的，口感和風味也充滿趣味。

水果三明治　1512日圓（含稅）

店長藤原先生喜愛的餐點是「水果優格」1296日圓（含稅）。「雖然是很平凡簡樸的餐點，但上面擺放了香草冰淇淋，非常好吃喔」。

店家自製的冰凍果子露是聖代的靈魂 「獨享」是福永水果甜點屋的店規

綜合水果聖代
750日圓（含稅）

招牌餐點。放入其中的，包括有哈密瓜、美國櫻桃、香蕉、鳳梨、柳橙、芒果、木瓜、奇異果、巨峰葡萄、粉紅葡萄柚等10種水果。而且還會搭配手工製作的粉紅葡萄柚風味的冰凍果子露。食用到最後的溶解汁液，也請務必一嚐。那也是另一種絕佳滋味。

福永水果甜點屋（フクナガフルーツパーラー）

往北至北海道、往南至沖繩，經常前來水果甜點屋的愛好者們無人不知、無人不曉的名店──「福永水果甜點屋」。

它的人氣餐點是「綜合水果聖代」。身為水果專家的店主──西村女士，將水果最美味的部位一點一點地放進聖代玻璃杯中，展現出一目了然、單純明快的外觀。這裡的聖代，反映出西村女士認為要「簡單樸實才對」的哲學。

「本店聖代的生命線是自製的冰凍果子露。盡可能不添加多餘甜味，直接製作而成的」。

西村女士繼續接著說。

「我希望顧客不要將同1杯聖代和其他人分著吃。因為從聖代的上方開始，會有酸味、甜味、柔軟⋯⋯等不同口感，每1杯都是考慮了味道、口感和顏色的平衡後精心製作的。把本店的聖代從上到下全部吃完，才是完成、完全的世界呢！」

實際單獨再訪，「真的想全部都吃呢！」有這種感受的顧客好像也很多。

沒錯！共享是大禁忌，必須個人獨占！這可是福永水果甜點屋的店規呢。

店主西村女士。「我家自曾祖父的時代起就經營水果店。至於這間甜點屋，是我42年前開的。現在負責採購的也是我本人。絕對不會採買錯誤的物品進來喔！」

季節限定聖代也極受歡迎！

只要提到「福永水果甜點屋」，實在沒有不吃「使用當季盛產水果所製作的『季節限定聖代』」的道理。自5月下旬到7月，最適合點一杯「櫻桃聖代」（依當年度產況可能多少有些變動）。其口感帶來的震撼，幾乎會令人在腦海中浮現充滿魄力的「妖豔」、「鬼氣逼人」等用語。是這輩子一定要嚐過一次的滋味。

甜點美味的秘訣

左圖）櫻桃冰凍果子露，是店主1顆顆親手去掉種籽，再壓碎、燉煮、放涼、凝固後調製而成的。製作需要費時3日。 右圖）使用的櫻桃是美國產的紅肉櫻桃（Bing cherry）以及黃櫻桃（Rainier cherry）這2種。不過，品種會依當時情形略作更改。

櫻桃聖代　1200日圓（含稅）

甜點美味的秘訣

上圖）「即使是同一個水果，也會有比較甜的部位和比較不甜的部位，而我們店裡使用的是比較甜的部位。」店主邊說，邊用獨特的手法觸摸著哈密瓜。上面標註著生產批號，能夠清楚知道是何處生產的。此為靜岡產。 下圖）極力不破壞水果的原始風味，細心製作的冰凍果子露。雖然製作費時，但食譜卻是很簡樸單純。照片是用粉紅葡萄柚做成的冰凍果子露。

供應水果三明治

吐司使用當地麵包店製作的、不使用雞蛋的產品。切開的瞬間，會散發出烘焙香味。而且為了增加口感，僅留下一邊的吐司邊。水果使用櫻桃、奇異果、香蕉、木瓜、芒果、鳳梨等。奶油則為了能襯托出水果香氣，特別使用植物性的奶油。

水果三明治　900日圓（含稅）**／迷你水果三明治　650日圓**（含稅）

週六從早上開始便有顧客湧入，店內熱鬧擁擠，甚至會大排長龍。熱門商品很快就銷售一空，請盡早前來選購。1樓的水果店，是店主的胞弟經營的。

店址：日本國東京都新宿區四谷3-4Fビル2F
電話：-81-3-3357-6526
營業：週一、二、四、五11：30～20：00
週三15：00～20：00
週六11：30～18：00
公休：週日、例假日
距丸之內線四谷三丁目站走路4分鐘

聖代（Parfait）在法文裡是「完美（Perfect）」的意思。期望各位一定要盡情享受完美的世界。「季節限定聖代」使用的水果，初夏～夏季是櫻桃；盛夏是水蜜桃、李子；晚夏是無花果；秋季是葡萄；初冬是洋梨；冬季是柿子；新春是草莓。期望能稱霸。

咬上一口
奶油和水果便從夾心中湧出
鬆軟滋味無法擋

水果三明治
750日圓（含稅）

「因為我們是水果店啊。店裡當然會提供各種送禮或回禮用的高級水果。在赤羽這個地點，正因為水果都是自己栽種處理的，才能夠以這個價位販售呢」。

PUCHIMONDO（プチモンド）

每大早上4點半起床，前往巢鴨拔刺地藏前的豐島市場採買。然後立刻回到店裡，進行開店準備。打烊後得研磨菜刀，為明天作預備。這種生活默默持續了30年的關元先生所製作的水果三明治，外觀和口味都扎實純樸，而且充滿溫柔感。

關元先生微笑地表示：「剛做好的水果三明治非常非常好吃喔！所以，我盡可能在顧客點餐後才打發奶油、切開水果。雖然需要顧客稍微等一下。」

出生在二次大戰前且代代經營水果店的關元先生，看著父母在水果店工作的模樣成長，因此自然地學會了如何挑選美味水果的技巧。

「我從孩提時期起就非常喜歡料理，所以才開設了我夢想中的水果甜點屋。雖然很辛苦，但是我樂在其中。每天都覺得相當幸福。」吃了幸福的人親手做的水果三明治，一定也會感覺幸福的！

關元修先生

「哈密瓜使用靜岡產的溫室哈密瓜（Earl's Favourite）。1顆5000日圓，甜點則使用1萬日圓的品種。三明治和聖代等都有放入這種哈密瓜，請務必一嚐」。

目前仍在使用中的粉紅撥盤電話。幼小的孩子們會向母親要10日圓的硬幣試著投幣撥打，還會瞪大圓圓的雙眼，表現出吃驚模樣等等。

綜合水果紅豆泥也極受歡迎！

與「水果三明治」以及放入12種水果的「綜合水果聖代」不相上下的人氣餐點是「綜合水果紅豆泥」。紅糖漿是為了使水果充分展現風味而特別研究自製的。

綜合水果紅豆泥 850日圓（含稅）

甜點美味的秘訣

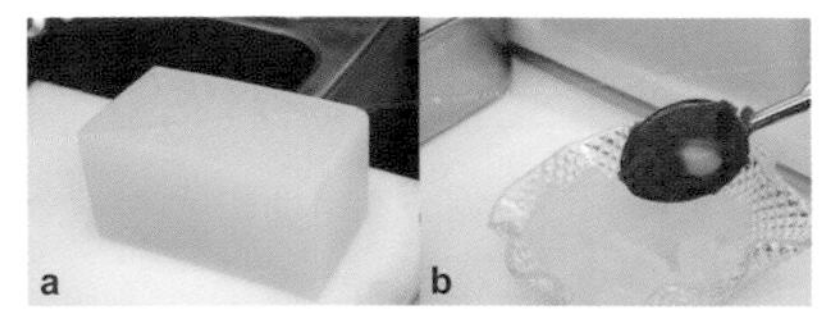

ⓐ寒天使用東京的老舖、王子的「石鍋久壽餅店」的產品。店主喜愛它扎實的硬度和有深度的口感，而特別訂購使用。 ⓑ紅豆使用當地的和菓子店「喜屋」的產品，裡面有放入栗子。口感不會太甜，和水果的甜度搭配，契合度相當好。

30年前，在赤羽開設甜點屋時，「當地居民都感到『開了一家精緻又時尚的店耶！』而相當震驚呢！」。

店址：日本國東京都北區赤羽台3-1-18
電話：-81-3-3907-0750
營業：9：00〜18：00（L.O.17：00）
公休：週四、週五
距JR赤羽站走路4分鐘

熱柳橙

將手工現搾的柳橙汁和熱水及糖漿混合後加熱。完成時再在表面擺上鮮奶油。是「PUCHIMONDO」低調的人氣茶點。這道茶點非常美味！

甜點美味的秘訣

ⓐ裡面的夾心餡料切得很細小，是為了「讓年長的老爺爺老奶奶或是幼小的孩子們都能輕鬆食用」。似乎是以日式料亭的甘味為創意來源。 ⓑ鮮奶油打至7分發，質地柔軟。因為會直接接觸到舌頭，所以不使用砂糖，改用糖漿賦予甜味。 ⓒ夾在當中的水果有草莓、哈密瓜、柳橙、鳳梨、香蕉、蘋果等。8月會再放入水蜜桃，9月左右會有法蘭西梨，10月則有幸水梨。 ⓓ製作完成後不會久放，會立刻切開，供應給顧客。

「在日劇《孤獨的美食家》（孤独のグルメ）中作為演出場景登場後，男性顧客突然增加許多。不知道是不是因為看到節目的緣故，甚至有遠從韓國或美國特地前來的顧客，我心中真的非常感謝。我會一直加油，不讓各位失望。」關元先生如此說。

伴隨著緊張感的絕美水果三明治

水果三明治　1200日圓（含稅）

為了展現水果的美麗、酸味、甜味、口感而精心計算的結果，無論奶油還是水果，都毫無一絲紊亂，精確地夾在吐司當中。只要想到一食用就會消失無蹤，便宛如將製作細膩的工藝品放在手上般，經常忍不住想仔細欣賞一番。4切片600日圓（含稅），可外帶。

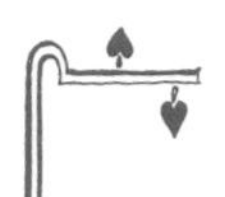
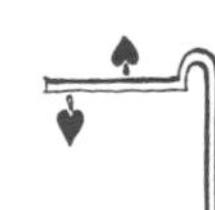

Pancake Parlor Fru-Full

2013年初，有位曾在神田水果甜點屋老舖的員工即將獨立開店的消息傳出後，水果甜點屋的愛好者們便滿心期待這間店開幕。然後在4月，滿載著眾人的期待開幕了。果然，不負眾望的新鮮食材與扎實口感深獲好評，日本全國各地皆有顧客前來品嚐。

若提起這間「Fru-Full」的招牌點心，絕對是幾近藝術品般精美的水果三明治。厚切片的水果是Fru-Full的特色，讓每一口都能充分感受到水果特有的柔軟口感。

而且，果汁像是溢出般和奶油與吐司合成一體。讓人有大讚「沒錯、沒錯！就是這個水果三明治！」的絕妙之感。

另一項招牌點心，是經典的懷舊鬆餅。

這兩種點心皆確實繼承了老舖的味道，同時也冀望能因應時代，逐漸增添些許變化。

左起為店長川島先生、其田秀一先生、遠藤美穗小姐、山地洋尚先生。
這間店是由川島先生和其田先生共同創立的。山地先生也有超過12年在神田的老舖店內烘焙鬆餅、製作聖代等的經驗，是製作甜點的專家熟手。遠藤小姐則協助處理店內大小事。

鬆餅也極受歡迎！

外皮酥脆地吸引目光，散發出砂糖微焦般的奶油香味，且溫和香氣四溢的扁圓狀鬆餅，是「Fru-Full」的招牌餐點。搭配在一旁的水果奶油也是絕品！是用鮮奶油混合水果製成。鬆餅也可以外帶。

水果奶油鬆餅
800日圓（含稅）

甜點美味的秘訣

ⓐ鬆餅的材料是麵粉、雞蛋、砂糖、牛奶、發酵粉，再加入某種神祕的食材。ⓑ鬆餅是用塗上酥油的銅板烘烤。要以相同的量烘烤出相同大小，需要練習與技巧。週末時，1天要烤大約200片左右。

甜點美味的秘訣

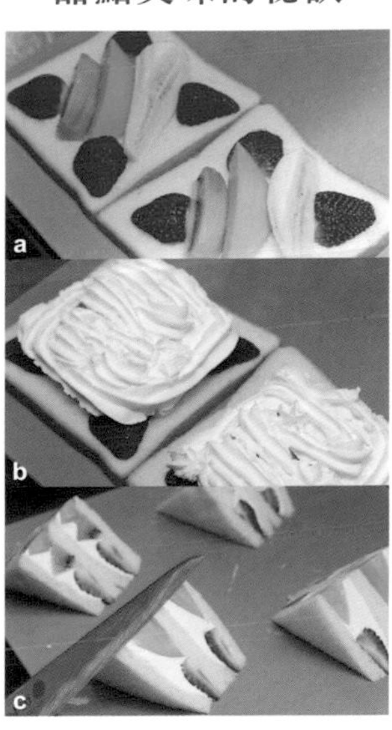

ⓐ吐司選用微甜的。作為夾心餡料的水果有草莓、奇異果、木瓜、香蕉這4種。切成稍微偏大的尺寸是一大特徵。不照常理的排列方式，也是因為考慮到切開後截面處的美感而刻意安排的。ⓑ將脂肪含量45%的鮮奶油打發成稍微濃稠偏硬的狀態，然後滿滿地塗抹在水果上。ⓒ每切過一次都要擦拭刀子，最後還得把沾在水果上的奶油刮乾淨才算完成。

綜合水果聖代
1200日圓（含稅）

綜合水果聖代也極受歡迎！

聖代玻璃杯中，放了覆盆子冰凍果子露、香草冰淇淋、覆盆子醬、椰果、鳳梨、綠色果肉的哈密瓜、紅寶石葡萄柚、西瓜、佐藤錦櫻桃、紅葡萄酒燉煮的大李子等（使用的水果會依季節更改）。

也會陸續推出完全以水果甜點設計的派對企劃或下午茶餐點等企劃。

店址：日本國東京都港區赤坂2-17-52パラッツオ赤坂1F
電話：-81-3-3583-2425
營業：週二～週五11：00～20：00（L.O. 19：30）
週六、週日、例假日11：00～18：30（L.O. 18：00）
公休：週一（週一為例假日時，於隔天的週二公休）
http://ameblo.jp/fru-full0424/
距千代田線赤坂站走路5分鐘

店長川島先生原本是糕點師傅。他因為想學習水果的相關知識而到水果甜點屋工作，沒想到後來著迷在水果的深奧世界中，便決定終身在水果甜點屋中服務。「對於水果的判斷，即使是專家也不容易呢。畢竟這不只需要知識，還必須累積經驗值才行」。

宛如女王的氣勢
老舖甜點屋的自信之作
特選水蜜桃聖代

特選水蜜桃聖代
1850日圓（含稅）

照片的水蜜桃是山梨的「白鳳」，但為了尋求當季的最佳食用時機，而在每1～2星期迅速變換品種。「特選水蜜桃聖代」是直到9月初旬階段皆可吃得到的甜點。另外，自9月開始，預計推出「水蜜桃拼盤聖代」。

涉谷西村水果甜點屋　道玄坂店（渋谷西村フルーツパーラー）

「回歸原點」。這是帶有歷史的「涉谷西村水果甜點屋」現在的主題。擔任專務的西村元孝先生表示，涉谷西村水果甜點屋的重點在於「要讓顧客品嚐到真正美味的水果」。他接著說：「即使外觀、產地、菜園和樹木都一樣，依然會因天氣和結果的位置等因素，而使糖度或味覺出現極大變化。更具體地說，即使只是一串香蕉，它是被放在熟化室當中的哪個位置，都會使它的味道產生變化。本店是向長年交往的專業香蕉業者直接訂購真正美味的水果。並且將採購的產品由廚房工作人員確實判斷最佳品嚐時機再進行調理。如此一來，才能讓顧客確實品嚐到水果真實的美味」。

甚至，熱心研究農業生產的農家們也積極地親自參與精心培育水果等。

此外，在調味方面，最近也一如往常，偏好簡樸單純的風格。

正因為是普通的外行人難以判斷美味與否的水果，所以才更希望大家能珍惜「將水果本身的美好滋味以最簡單又確實的方式」提供給顧客們的水果甜點屋。

專務負責人　西村元孝先生
「來到水果甜點屋，請不要考慮熱量問題，盡情地品嚐想吃的甜點吧！也請您將聖代玻璃杯內的殘餘汁液一併喝下。因為裡面含有許多對健康有益處的水果呢！」

甜點美味的秘訣是「回歸原點」

水果潘趣酒
950日圓（含稅）

在淡糖漿中，放入西瓜、水蜜桃、巨峰葡萄、日本梨、鳳梨、蘋果等糖漿的甜點。以前曾有將糖漿做成西印度櫻桃碳酸水等演變，但現在則固定在最簡樸單純的形式。

季節鬆餅　套餐單點（la carte）
1000日圓（含稅）

使用傳統的西村特製綜合鬆餅粉（粉的配方是秘密）烘烤出宛如出現在繪本中一般的柔軟鬆餅。這個價格還會附上小份的法式布丁拼盤（Le Pudding a la mode），非常實惠！擺放在布丁旁的水蜜桃冰凍果子露，是使用了用來送禮回禮而販售的100%的水蜜桃果汁和鮮果製作的。

特選水蜜桃聖代美味的理由

由水蜜桃果凍、海綿蛋糕體、奶油鮮奶酪、水蜜桃切塊、水蜜桃冰凍果子露、香草冰淇淋、新鮮水蜜桃製作的醬汁，以及完整的1顆水蜜桃和其他特殊食材組成。冰淇淋和冰凍果子露都是為了提升水果的甜味，而使用特殊食譜精心調製的獨家產品。堅持讓最後一口仍是水蜜桃，而放水蜜桃在聖代的玻璃杯底部。

供應水果三明治

夾在三明治吐司裡的餡料有草莓、柳橙、奇異果、香蕉、蘋果、紅肉哈密瓜（使用的水果會依季節更改）。基本上會在有顧客點餐後才打發奶油，打發後立刻端上桌給顧客，使奶油呈現出柔軟蓬鬆的狀態。放在正中間的水果拼盤也深獲喜愛。

水果三明治
950日圓（含稅）

1910年以高級水果店之姿創立，然後於1936年在涉谷開設水果甜點屋。無論涉谷如何轉變，這裡始終都是「涉谷西村水果甜點屋」。

店址：日本國東京都渋谷區宇田川町22-2 2F
電話：-81-3-3476-2002
營業：10：30～23：00（L.O. 22：30）；
週日、例假日10：00～22：00
（甜點L.O. 21：30）
公休：無休　http://www.snfruits.com
距JR涉谷站八公口走路1分鐘

美味水果的條件是，品種、品嚐時機、溫度管理。在家裡想要吃到水果的最佳狀態，實在是件困難的事。
春、夏、秋、冬、初夏、晚秋、晚冬，一年七次，推出使用當季水果的新菜單，請務必各個季節都前來品嚐。

配色、口感、外觀、素材的融合 追求精煉美感和口味的老鋪甜點屋

草莓聖代
951日圓（含稅）

吃得到草莓顆粒般的特製草莓醬搭配特殊風味的香草冰淇淋，契合程度讓人一吃停不住。只是簡樸單純的搭配，卻有超群的層次感，令人印象深刻。進行採訪時的7月初旬，使用的草莓品種是「すずあかね（鈴茜，Suzuakane）」。

資生堂休閒餐廳Shiseido Parlour 日本橋高島屋店（資生堂パーラー）

1902年，作為日本第一間提供蘇打汽水的甜點屋，於銀座創立。甚至在當時尚未普及的冰淇淋販售上投入心力，是孕育出冰淇淋蘇打汽水（Cream Soda）的名店。至今仍將柳橙、檸檬等傳統風味的冰淇淋蘇打汽水列入利口酒的菜單，且以受歡迎自豪。

餐廳內使用特別製造的冰淇淋製作而成的聖代，有2款經典風味。草莓聖代有香草冰淇淋的芳香與濃郁，再加上適合滑順口感的草莓醬，甜味和酸味的搭配絕妙。巧克力聖代則是以極微量奶油的巧克力醬搭配香蕉。另外還增加了另一種，使用了當季日本國產水果、每月更換食材推出的聖代。此店所追求的是「精煉又美麗的製作」。聖代基本上是由冰淇淋、水果、醬汁、鮮奶油組成。玻璃杯側面的色彩對比極美。

赤嶺卓司先生

「品嚐了美味的食物，會有幸福感。這是再理所當然不過的了。我想要好好珍惜這種感覺。」在資生堂休閒餐廳Shiseido Parlour服務了20年的赤嶺先生，竟如此謙虛！赤嶺先生在製作聖代時，為了讓醬汁和冰淇淋的斷層看起來美麗而仔細確認的模樣，實在令人印象深刻呢。

精美的聖代玻璃杯傳遞出奢侈氣氛

特製香草冰淇淋、鮮奶油、香蕉、巧克力醬，以及裝飾用的堅果薄片。巧克力醬使用Van Houten的產品。奶油的濃郁香氣能誘發出香草冰淇淋更深層的香濃滋味。

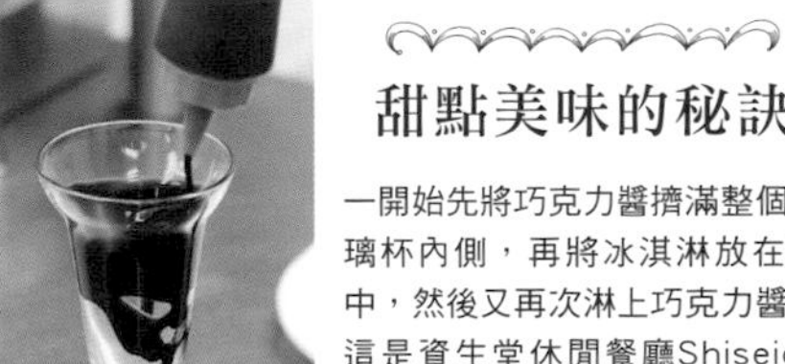

巧克力聖代
951日圓（含稅）

甜點美味的秘訣

在草莓醬的上方放入冰淇淋，溫柔地做出醬汁和冰淇淋堆疊的層次感。再將鮮奶油擠在正中央，頂部再擺上草莓就完成了。

甜點美味的秘訣

一開始先將巧克力醬擠滿整個玻璃杯內側，再將冰淇淋放在其中，然後又再次淋上巧克力醬。這是資生堂休閒餐廳Shiseido Parlour才做得出來的精緻層次感。

除了聖代以外，色彩繽紛的蛋糕也相當受到歡迎。

summer menu

8月的聖代和蘇打

左）「香川縣產水蜜桃的聖代」1404日圓（含稅）。以白桃雪泥、水蜜桃果凍、水蜜桃醬、水蜜桃拼盤、香草冰淇淋、鮮奶油等組成，奢侈的水蜜桃風味聖代。在柔和的配色上添加繽紛又帶甜美感的這些小圓粒，是和水蜜桃同鄉的香川縣鄉土點心「おいり（Oiri）」。這是一種米果點心，有溫潤的甜味，放在口中一下子就溶化成鬆軟的滋味。是能畫龍點睛般襯托出水蜜桃纖細風味和柔和感的小秘方。

右）冰淇淋蘇打汽水（水蜜桃風味）972日圓（含稅）。水蜜桃果汁多少還算普遍，但水蜜桃風味的冰淇淋蘇打汽水，倒是難得一見。

本次採訪的焦點雖然著重在聖代和冰淇淋蘇打汽水，然而，作為西洋料理的先驅名店，想要介紹的料理卻是為數眾多。這裡的蛋包飯（1728日圓／含稅），是多年來持續前來光顧的顧客們深愛的不變美味。

店址：日本國東京都中央區
日本橋2-4-1 日本橋高島屋8F
電話：-81-3-3211-4111（代表號）
營業：11：00～21：30
（L.O. 21：00）
公休：不定時公休（依高島屋為準）
http://parlour.shiseido.co.jp/

2014年4月4日，才剛從日本橋高島屋新館的6樓移設至本館8樓重新開幕。

綜合水果聖代
1296日圓（含稅）

使用11種水果的經典聖代。當多種水果都想吃的時候，選擇這道甜點絕對沒錯。另外一點，提到高野水果甜點屋的甜點，便會想到哈密瓜的聖代。

新宿的門面、老舖水果甜點屋鑲滿11種水果的精緻聖代

高野水果甜點屋　總店（タカノフルーツパーラー）

1885年。新宿站隨著山手線通車正式啟用了，同年，高野水果甜點屋的前身——水果批發商「高野商店」成立了。甜點休閒餐廳則是在1926年開店。自那時以後的將近90年之間，一直是被水果愛好者持續喜愛的、象徵新宿的老舖水果甜點屋。

店家能正確辨別出嚴選水果的最佳賞味期，再添加能夠襯托出水果風味的獨家鮮奶油配方、店家自製的冰淇淋、冰凍果子露Sorbet、碎冰雪泥Granité、果凍等，組成的經典水果聖代無論是在何種狀態搭配何種果實品嚐（例如，水果沾著冰淇淋的狀態等），都美味無窮。因為果實本身的味道清晰完整，所以會有宛如淋上醬汁品嚐的感覺。8月時推出了使用岡山縣產水蜜桃「夢白桃」的聖代。據說是使用了專門用來作為禮物的最高級品。

水果設計師
森山登美男
「真正好吃的水果，有美味、昂貴、時效短這三大特色。」森山先生如此說。他是以聖代為優先，負責開發全部甜點的總負責人。即使進入公司已達第35年，依然抱持著「每年都陸續有新的水果出現，期待能遇見新的水果，產生新的激盪。」或許，積極尋找新品種的探究精神，正是店內甜點美味與美麗的核心基幹。

水果三明治也極受歡迎！

為了能品嚐到水果最美味狀態而搭配的特製鮮奶油，需要控制甜度。草莓、奇異果、芒果、香蕉的甜味非常契合。

水果三明治
附水果優格
1080日圓（含稅）

甜點美味的秘訣

ⓐ鮮奶油的脂肪成分較少。使用控制住甜度的特製品。為了讓鮮奶油和水果充分結合，而打發到比聖代再稍微硬一點的程度。在約1cm厚的吐司單面上薄薄塗一層，然後在另一面抹上能夠覆蓋住水果般厚厚的一層，是製作時的重點。 ⓑ香蕉很容易變色，必須在夾入前才切開。並且要盡量擺放在內側以免接觸到空氣。 ⓒ靜置在冰箱內，冷藏約30分鐘～1小時，讓水果和鮮奶油都凝固。切開時，每切一刀都必須用濕濡的布擦拭一下，切面才會乾淨美麗。這是連在家裡都希望能好好練習的技術。

甜點美味的秘訣

能在聖代中品嚐到的水果，共有粉紅葡萄柚、柳橙、西瓜、哈密瓜、奇異果、鳳梨、木瓜、火龍果、櫻桃、覆盆子、藍莓等11種。而且還會放入草莓和芒果的冰凍果子露。玻璃杯底部也會顯露出散發著清爽柑橘香氣的君度橙酒果凍。

這次介紹的水果甜點屋位在5樓，在同一層的5樓裡，另有預約不斷的水果吧，地下1樓也有專門提供水果禮盒等的水果樓層，而地下2樓有蛋糕、精緻點心、麵包、烘焙甜點等販賣處，除此之外，還有專賣聖代的日式冰淇淋店Paferio。

店址：日本國東京都新宿區新宿3-26-11
新宿高野總店5F
電話：-81-3-5368-5147
營業：11：00～21：00（L.O. 20：30）
公休：1月1日、4月和10月的第3週的週一
http://takano.jp/
距JR新宿站東口走路1分鐘

提到高野的象徵物品，當然是哈密瓜。其實，哈密瓜是在東京都新宿區的新宿御苑誕生。後來和新宿結緣，雙方有很深的羈絆牽連，才會如此。

50年熱銷不斷的是
奶油糖霜的水果三明治

水果三明治　350日圓（含稅）

奶油使用奶油糖霜（Butter cream）！
超過50年持續熱銷，是真正的「懷念口味」。
在冰箱靜置冷藏約1小時，讓奶油糖霜凝結成適當的硬度，
是屬於「冷卻融合」類型的水果三明治。

今野水果工廠（イマノ　フルーツファクトリー）

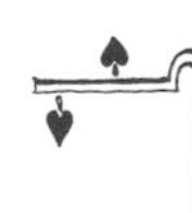

在高樓林立的金融街——茅場町的黃金地段，色彩繽紛的水果陳列眼前，這光景令人感到心曠神怡。「今野水果工廠」是歷經了親子三代持續經營至今的水果店。

店內以實惠價格供應新鮮果汁、雪泥、水果三明治、蛋糕等甜點。將當季的2～3種水果混合調製成的雪泥，有約12種。水蜜桃／巴西莓果／莓果500日圓；奇異果／木瓜／芒果460日圓等，當季適合混製的水果特調飲品，陣容一字排開。店長今野先生表示：「比起單一素材，一次放入多種適合混製在一起的水果，反而更能突顯出各自的風味。」讓水果和冰塊一起在顧客眼前用果汁機攪拌，綿綿雪泥&透清涼的感覺，真是盛夏時節中令人充滿感謝的幸福。雖然顧客大多是外帶，但也提供內用。大份量的水果三明治只要350日圓，絕對是值得選購的商品，可千萬別錯過喔！

今野喜彥先生

今野果實店（現為今野水果工廠）店長。是自出生起便持續過著看見水果的生活的「水果專家」。「只要去市場，哪家店賣得東西比較好，大致上都是固定的，擔任採購的人獨具慧眼，知道每間店舖的好壞情形。在其中的哪間店能取得品質優良的食材，是採購者的重要能力」。

麝香晴王葡萄雪泥　500日圓（含稅）
水蜜桃西瓜雪泥　420日圓（含稅）

辦公室的夏季經典飲品，當然是這個 !!

一到夏天，銷售情形便呈顛峰狀態的雪泥。如您所見，是幾乎滿出玻璃杯的大份量呢！

甜點美味的秘訣

在杯中放入100g的麝香晴王葡萄（Shine muscat），製作水蜜桃西瓜雪泥時，則是在杯中放入80g的水蜜桃和80g的西瓜。然後注入細砂糖燉煮製成的微甜糖漿40ml備用（甜度可依個人喜好調整）ⓐ。在果汁機中放入8顆冰塊ⓑ。 一起攪拌就完成了ⓒ。 ※冰塊個數可依個人喜好調整。

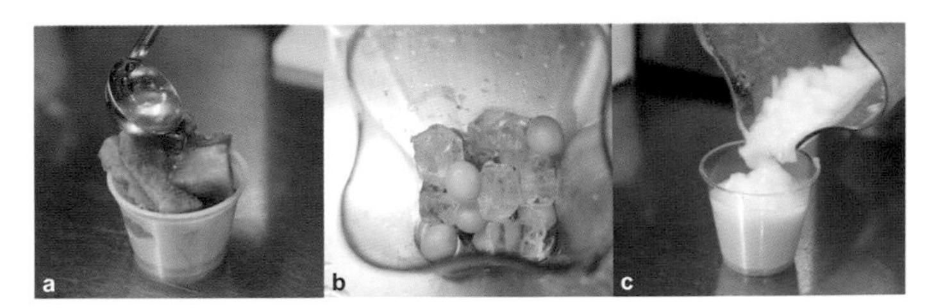

甜點美味的秘訣

將鳳梨、哈密瓜、木瓜、葡萄柚、柳橙、香蕉等6種水果緊密地排列在吐司上。奇怪，切口上沒看到香蕉啊…，若您正這麼想，您答對了！這是為了避免在裝填時滑動，而故意把香蕉當作止動器隱藏在吐司的直角部位。這裡使用的奶油是奶油糖霜（Butter cream）。今野先生表示：「奶油糖霜非常適合搭配水果，有很多顧客告訴我這樣非常好吃喔。」的確，奶油糖霜有許多瘋狂粉絲呢。

水果瑞士捲也極受歡迎！

精選當季水果製作而成的鬆軟瑞士捲也是極受歡迎的人氣甜點。
「季節水果瑞士捲」
400日圓（含稅）

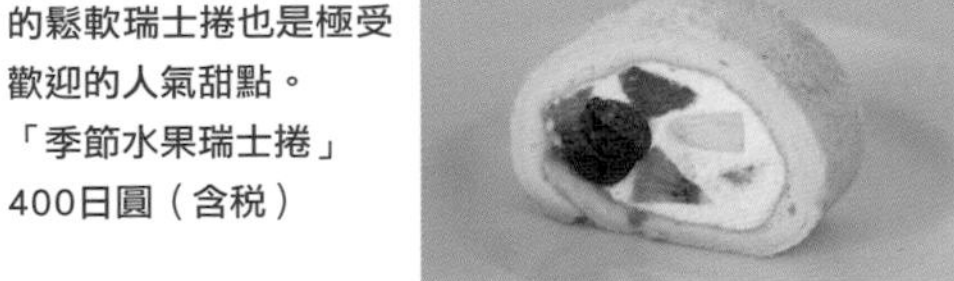

除了有販售送禮用的高級水果、果汁、蛋糕等甜點以外，2樓設有系列的法式小酒館「SABLIER」，提供利用平常的新鮮水果發揮獨特創意所設計出來的餐點。果子塔、果凍等甜品，都是由「SABLIER」的主廚——今野登茂彥先生創作的。

店址：日本國東京都中央區日本橋茅場町1-4-7
電話：-81-3-3666-0747
營業：週一～週五8：00～20：00
　　　週六10：00～15：00
公休：週日、例假日
http://imanofruits.net
東京Metro地鐵茅場町站7號出口旁

創業於1952年。雖然作為水果店的歷史已相當久遠，但2014年的此時，2樓的法式小酒館「SABLIER」也已開幕30週年了。這間店也算是茅場町的門面呢。

這是為了能100%享受水果的「圓頂蛋糕」！

芒果圓頂蛋糕
1350日圓（未稅）

將切成稍大一口大小的芒果，大量擺放在中間和表面。品嚐時，與其說這是蛋糕，更覺得像是在食用芒果本身。將芒果和鮮奶油混合，使芒果的甜味和風味充分移轉到奶油上，也是製作時的一大重點。為了襯托出水果原始的風味，海綿蛋糕體和奶油的甜度都需要多加控制。

果實園Riiberu（リーベル）

提到水果甜點屋的人氣餐點，幾乎都是聖代和水果三明治等。他們的共通點在於沒有過度加工水果，可以確實品嚐與享受到水果本身的滋味。因此，我們當初沒有打算要介紹蛋糕。然而，當全部的拍攝都結束後，我開始品嚐自己的甜點「芒果圓頂蛋糕」，其美味讓我深深震撼，立刻決定把它當作介紹主軸。當我這樣告訴店長後，店長伊藤小姐如此表示：「沒錯！做成圓頂蛋糕，能豐富又確實地品嚐到水果風味！」並說我的這種反應，才是「正解」。

圓頂蛋糕（Zuccotto），簡單說來，就是將海綿蛋糕體做成半圓拱形的樣子，再把奶油和水果填塞其中並冷卻凝固，做成有造型的蛋糕。如此一來，不需要加熱水果就能製作。「果實園Riiberu」則是無論表面或內餡都大量使用了水果，讓人有「連這裡都有水果啊！」等驚喜感。

各位，請一定要品嚐看看水果做成的「圓頂蛋糕」！

供應水果三明治

將切成1cm塊狀的奇異果、鳳梨、香蕉、鵜鶘芒果、草莓、覆盆子、藍莓等7種水果，和乳脂肪含量45%的鮮奶油充分混合。擺滿在切成36片且塗有人造奶油（Margarine，乳瑪琳）的吐司上面後，再拿另1片吐司蓋上去。完全沒有華而不實之處，且其簡樸又實在的味道相當受到歡迎。使用的水果多少會依季節而變動。

水果三明治
附當季水果和沙拉
950日圓（未稅）

果實園水果聖代　950日圓（未稅）

綜合水果聖代也極受歡迎！

這是能代表「果實園Riiberu」本領的水果聖代。在聖代玻璃杯中呈現出層次感的是哈密瓜、紅寶石葡萄柚、柳橙、木瓜、鳳梨、蘋果、西瓜、香蕉。還會在當中添加柳橙、哈密瓜、黑醋栗這3種風味的冰凍果子露以及香蕉冰淇淋。完成時再以櫻桃點綴。想吃到堆積如山的冰淇淋、冰凍果子露、水果的人，最適合點這道餐了（使用的水果會依季節更改）！

甜點美味的秘訣

社長親自到大田市場採購，再直接送回店裡。由於原先曾做過批發業者，因此在判斷水果上相當精確。7月，大量使用了人氣極高的宮崎縣產的芒果「太陽之卵」。其他如水蜜桃或草莓的圓頂蛋糕等，也很受歡迎。

店長　伊藤桃子小姐
「本公司社長的信念是『以能夠每天前來光顧的價格提供餐點』。也是因為有這種心情，認為只要能壓低水果的採購價格，蛋糕的價格自然也能降低。所以，果然還是使用當季的水果最好，既美味又便宜，真的非常實惠」。

原本位在目黑車站Atré綜合購物中心裡的店鋪搬遷到這裡。而東京車站中的Kitchen Street內也有「果實園東京店」。

店址：日本國東京都目黑區目黒1-3-16
　　　プレジデント目黒ハイツ2F
電話：-81-3-6417-4740
營業：7：30～23：00
　　　（甜點 L.O. 22：30）
公休：全年無休
距JR目黑站走路4分鐘

店長伊藤桃子小姐個人的推薦品是，使用芒果、奇異果、草莓等水果的「綜合風味圓頂蛋糕」。以瘋狂受歡迎而自豪的，是擁有清爽口感的「奇異果圓頂蛋糕」。圓頂蛋糕的風味會依製作當日而有所不同，究竟可以吃到什麼口味，是當天的樂趣呢！

寧靜從容地面對聖代
這裡是甜美水果道場

季節聖代・水蜜桃
1300日圓（含稅）

將上方切成彎月狀的水蜜桃，搭配幾乎沒有甜味的鮮奶油一起食用，能更加襯托出水蜜桃水嫩多汁的口感。此外，聖代玻璃杯底部裝有帶著酸味的優格冰淇淋以及微甜的香草冰淇淋，還有切成塊狀的水蜜桃和在其中，實在非常美味。

Furufu-Du Saison（フルーフ・デゥ・セゾン）

總之，「Furufu-Du Saison」是被譽為擁有極品水果的名店。店主是星野鄉子女士。他是自神田市場時代，嫁入名為「高關」的水果批發商的家中，後來在自家的批發生意搬遷到大田市場後，於20年前，為在神田留名而開設了這間水果甜點屋。

一進入店內，會立刻被店內安靜的氣氛震驚，完全不認為是水果甜點屋。雖然店內顧客極多，但大家卻幾乎不交談，只專注在眼前的聖代上。

立刻嚐嚐看夏季的人氣甜點「季節聖代‧水蜜桃」。咬下一口水蜜桃，水蜜桃的汁液立即飛躍般地噴溢出來，手、口、桌子，幾乎都變得黏膩膩的。甜度、口感、香氣，全部都非常完美！毫無疑問的，這是任何水蜜桃愛好者都會著迷的美味。即使吃掉了上面的水蜜桃，底下依然有令人期待的內容。因為，切塊的水蜜桃塞滿了整個聖代玻璃杯，甚至連最底部的位置都還吃得到。一回過神，果然饕客們都沒開口說出任何一句話，而始終專注在舀起杯裡的水蜜桃呢。

左起為井浦佳子女士、店主星野鄉子女士、星野女士的姪女海野光希小姐。星野女士和井浦女士是小學同學，最近重逢後，應邀前來協助繁忙的店務。

天花板吊扇緩慢轉動，店內四處放滿綠色植物，宛如一座中庭。或許是這個原因，一踏入店內，就感覺像是進入了不同的世界。

甜點美味的秘訣

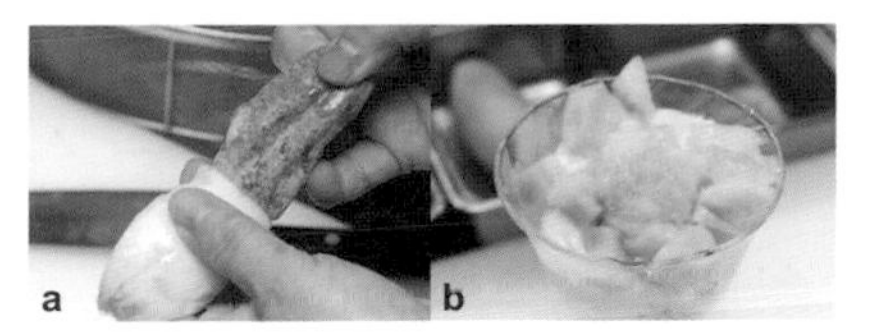

ⓐ能像這樣用手剝掉外皮，就是已經到了最佳賞味期的證據。 ⓑ聖代玻璃杯內的層次，是由優格冰淇淋和香草冰淇淋、切塊的水蜜桃、幾乎沒有甜味的鮮奶油、水蜜桃冰凍果子露、切成彎月形的水蜜桃，以及櫻桃製作的。

季節鮮果汁也極受歡迎！

極簡約的西瓜汁。完全沒有加入甜味等調味。這一杯，好喝到幾乎語塞。「西瓜真有這麼美味嗎？」令人幾乎要重新看待西瓜。幾乎要滿出玻璃杯緣般，足足有400ml。是7月～9月（西瓜生產季）的季節限定鮮果汁。

甜點美味的秘訣

轉眼間便將種籽全部取出，並放進果汁機攪拌。就只是這樣！單純、樸實，是能夠品嚐到西瓜本身美味的鮮果汁。

季節鮮果汁　800日圓（含稅）

供應水果三明治

在店家自製的羊角麵包中夾入切成薄片的水果和鮮奶油，是相當少見的水果三明治。與奶油和麵粉香氣濃郁擴散的羊角麵包搭配，其適合程度令人驚豔，能一轉眼就吃掉2個。特別受到女性顧客喜愛。

水果三明治　300日圓（含稅）

距秋葉原走路約5分鐘。位在車站周邊，卻鬧中取靜，感受不到喧鬧聲，轉入住宅街時突然映入眼簾的，即是「Furufu-Du Saison」。週末經常滿座，因此偶爾會有點餐後需等候30分鐘左右才出餐的情形。

店址：日本國東京都千代田外神田4-11-2
電話：-81-3-5296-1485
營業：週一、週二、週五10：00～19：00，
　　　週六、週日、例假日11：30～19：00
公休：週三、週四
http://www.geocities.co.jp/Foodpia-Olive/2728/
距銀座線末廣町站走路2分鐘

星野女士表示，相較於年輕客層，反倒是爺爺輩的顧客比較多呢。「大家都開心地前來品嚐聖代，吃得津津有味呢！這大概是因為，他們出生在過往男性為了品嚐聖代而單獨前往水果甜點屋時，會覺得很丟臉的時代吧。」

像是呵護公主般培育而成的果實
此時此刻正是最佳賞味期
現搾的鮮果原汁

巨峰葡萄鮮果汁
每天更換菜單　1080日圓（時價、含稅）

採訪時，使用的巨峰葡萄是1串5400日圓的產品。拿出一半現搾後的成果就是這杯!!當然，裡面完全沒有使用砂糖，卻有出色卓越的甜味。在果汁機裡放入適當的葡萄皮一起攪拌，更能呈現出確實的味道和華麗的色調。

水果畫廊果山（フルーツギャラリー果山） 日本橋高島屋店

營業統合部的增田先生表示：「本店會依季節，向熱心研究農業的篤農家採購主要的水果品項。」所謂「篤農家」，是指熱心研究農業，製作農作物的人。他們專門提供肥料和農藥上格外用心的商品，且糖度高是商品的一大特徵。在提供水果販售和內用的「果山」，也有供應現搾鮮果汁和水果蛋糕。特別值得介紹的是，使用了完熟水果且每天更換菜單的鮮果汁。理所當然的，送禮用的高級水果擺放不久之後便會徹底成熟，因此，贈送給某位對象時要是水果已經過熟，就成了沒用的東西，甚至有點失禮。因為這個緣故，才有了「要在水果最美味的時期搾成果汁提供給顧客」的想法。其實這個非常甜，而且還相當實惠。8月計畫的是「葡萄綜合果汁」。據說會混合白色、黑色、紅色的高級品種。由於是當季食材，價格還未定，但美味&實惠，絕對是毫無疑問的!!

員工
秦 芙美子小姐
秦小姐表示：「希望不要放入冰塊的顧客相當多，相反的，希望冰涼一點的顧客也不少。我們會在顧客面前製作，有任何需求都歡迎您告訴我們喔」。

甜點美味的秘訣

將約250～300g的巨峰葡萄和少量冰塊放入果汁機內攪拌。美味的秘訣在於，多少保留住一些葡萄皮。葡萄皮剝除得太徹底會出現澀味，在果山，大概會在攪拌到照片程度時關掉開關，用濾網過濾。然後注入到玻璃杯中，再用湯匙仔細舀出泡沫就完成了。

酪梨魅力的新發現

使用不急著採收、在樹上結成長果實的墨西哥產的優良酪梨。因為是添加了牛奶等素材的特製甜點，品嚐時的口感圓潤滑順，是酪梨愛好者們愛不釋手的美味。

酪梨牛奶
每天更換菜單 378日圓（含稅）

Recipe

食譜大公開！酪梨牛奶

作法
將大顆的酪梨半顆、牛奶約120ml、少量冰塊、口香糖糖漿（果糖球）1個（13g）、極少量的鹽等全部放入果汁機攪拌。攪拌成奶霜狀就完成了。

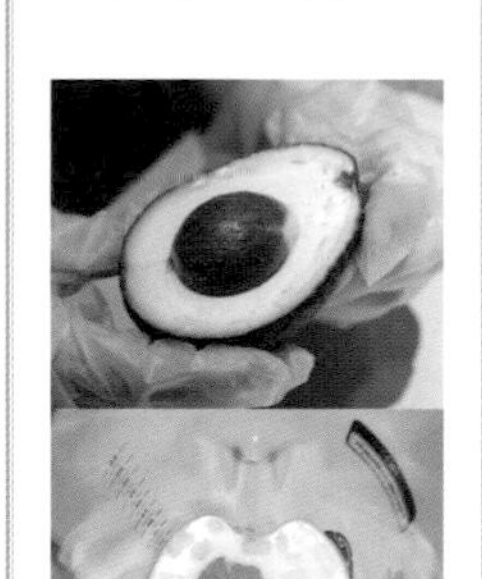

蛋糕和巴伐利亞奶油也極受歡迎！

水果瑞士捲 368日圓（含稅）
果山的蛋糕代表。暢銷約10年的人氣No.3。裡面的水果有奇異果、哈密瓜、柳橙、鳳梨，還有12月至5月的草莓，以及6月至11月的水蜜桃。鮮奶油和蛋奶沙司醬（奶黃醬）混合的結實奶油，口感相當有個性。

芒果果凍優格
546日圓（含稅）
濃郁的芒果和清爽的優格相當搭配，是7月～8月的限定甜點，人氣No.2。

閃耀水果拼盤
476日圓（含稅）
盛裝四季更迭的4種水果，是人氣No.1的甜點。下方是巴伐利亞奶油。

於1902年，在人形町創立本店的百年老舖。在店內品嚐的現搾鮮果汁，固定有柳橙、葡萄柚（皆為432日圓）等多種口味。供應多種如寶石般耀眼的水果和蛋糕。

店址：日本國東京都中央區日本橋2-4-1 日本橋高島屋店B1F
電話：-81-3-3211-4111（代表號）
營業：10：00～20：00
公休：不定時公休（依高島屋為準）
http://www.fruit-kazan.com/

臨近收成時才採收的葡萄，會散發出完熟的訊號。果山是向能夠確實辨識這種訊號的專業農家購買葡萄。

「水果！的義式手工冰淇淋」來自福岡

寶石聖代
～水蜜桃＆櫻桃～
1200日圓（未稅）

每月更換菜單的特製聖代。採訪時是使用水蜜桃和櫻桃，但8月預計要使用水蜜桃和葡萄。這裡使用的義式手工冰淇淋當中一定會放入有刺激感的跳跳糖，請一定要好好享受糖果在嘴裡劈哩啪啦的快感。

GELA C by Campbellearly（ジェラシー バイ キャンベル・アーリー）

創業於1938年，福岡縣的老舖水果批發商「南國水果（南国フルーツ）」開設的東京1號店的水果甜點屋。店家的堅持，莫過於「供應水果風味的義式手工冰淇淋」了。

使用季節水果或堅果的義式手工冰淇淋，是聖代的主要組成素材，約700日圓上下。「想要供應能充分品嚐到水果風味的聖代」而設計出每月更換菜單、裝滿水果的「寶石聖代」，雖然單價1200日圓稍微有點貴，卻大量使用了當季嚴選的頂級水果。義式手工冰淇淋當中，摻有會在口中劈哩啪啦彈跳的跳跳糖，在酒精已揮發掉的白葡萄酒碳酸果凍裡放入摻有跳跳糖的手工冰淇淋時，可以充分發揮其卓越的適合度，一定令您驚豔。

座落在車站旁的好地點。而且營業到晚上10點，能隨時繞過去坐坐，實在令人開心。

篠田朋幸先生

在「南國水果」擔任採購的店長——篠田先生。他是親自前往市場、負責採購水果的專家。他會一邊考慮水果是經由何種管道輸入，一邊判斷是否已達成熟狀態。他喜歡的水果是青森的蘋果「こみつ（Komitsu）」。據說是因為它的蜜汁會如花的形狀般散開，相當美味。

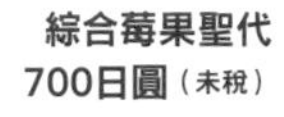

綜合莓果聖代
700日圓（未稅）

人氣No.1的經典甜點。混合5種莓果的酸甜義式手工冰淇淋，搭配帶有清爽甜味的鮮奶手工冰淇淋，速配程度滿分。和巧克力香蕉聖代均分人氣。

食譜大公開！

綜合5種莓果的醬汁

作法

使用了藍莓、覆盆子、黑醋栗、黑莓、紅醋栗這5種莓果。加入莓果類總份量約15%的砂糖，再用火煮一下。用木鏟輕柔攪拌並避免弄碎果實，然後以小火慢慢燉煮、溶解砂糖，注意不要燒焦。燉煮約1小時後，取出一半的果實用來裝飾。

將燉煮的汁液和剩下一半的果實一起放入果汁機攪拌成莓果醬汁。

這些醬汁將是聖代的醬汁以及製作義式手工冰淇淋時的基礎醬料。裝飾到冰淇淋或優格上面也非常美味。

600日圓（未稅）

供應水果三明治

會固定放入香蕉、奇異果、柳橙這3種水果，再額外加上1種當季水果。除了水果本身的甜味以外，抑制甜度且脂肪含量36%的鮮奶油所擁有的另一種圓潤甜味，會在口中擴散開來。這個甜味實際上是來自於蛋奶沙司醬（奶皇醬）!! 這裡的水果三明治會抹上薄薄一層蛋奶沙司醬來取代奶油，帶出甜味和濃郁感。

店址：日本國東京都中央區日本橋室町2丁目3番地
　　　コレド室町2 B1F
電話：-81-3-6262-3124
營業：8：00～22：00
公休：不定時公休
http://nangoku-f.co.jp/
東京Metro地鐵半藏門線三越前站A4出口或A6出口旁

綜合莓果水蜜桃　750日圓（未稅）

每月更換菜單的聖代。8月推出水蜜桃風味。義式手工冰淇淋則使用了莓果和優格。清爽口感的優格深受女性顧客喜愛。

水蜜桃很容易變色，若在切開後放進砂糖水中，將可以延遲變色的時間，讓品嚐的當下仍維持著漂亮的色澤。

也供應豐富多樣的莓果果醬。人氣最高的草莓品種「福岡S6號（あまおう）※」是只能在福岡採購的。由於店家冷凍保存了最佳賞味期的福岡S6號，因此整年度皆能供應美味的莓果果醬。

※譯注：草莓品種「福岡S6號（あまおう）」的日文原名，是取自「"あ"かい（紅）、"ま"るい（圓）、"お"おきい（大）、"う"まい（甜）」等字的字首組成。

水果潘趣酒&聖代一次同享！

當季水果聖代
1000日圓（含稅）

超過10種水果緊密排列在杯中。份量充足，非常適合兩人來店同享一杯。下方部位有多汁的水果潘趣酒在等候著。冰淇淋則會因應當季水果選用，共有3種風味。

sun fleur（サンフルール）

「本店的水果甜點屋是和壽司店在一起的。所以不會事先做好備用。我們都是現點現做的。」店主兼主廚的平野先生自信地說。「現點現做」也就是cook to order的意思，代表著有顧客點餐後才開始製作之意。

使用超過10種水果的「當季水果聖代」，當中所注入的水果潘趣酒也是如此。店主不會事先將潘趣酒調製好，而是將現切的水果加入到特製糖漿中。雖然只是這樣簡單的作法，卻因為是現切的水果，而帶有各個水果本身最原始的嚼勁與香氣。然後，當果汁與糖漿融合在一起時，也會和溶化的冰淇淋渾然合成一體。常客們說：「那個『醬汁』真是無法抗拒的美味啊!!」這間融入在都立家政站周邊商店街的水果甜點屋，男性顧客也相當地多，愛吃甜食的男性同胞們，請放心前來享用甜點吧。

平野泰三先生和夫人明日香女士。

將「無添加、自家製、簡約樸實、不吝嗇」視為座右銘的平野泰三先生和夫人明日香女士。兩人皆為水果設計師，創辦水果研究學院。也是對水果外觀施展華麗切工的專門講師。

法式布丁拼盤也極受歡迎！

使用的水果超過10種。在樸實溫和味道的卡士達布丁（Custard Pudding）中，無苦味的褐色焦糖醬，是一種令人放鬆的味道。

當季的法式布丁拼盤
1000日圓（含稅）

a　b　c

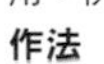

甜點美味的秘訣

ⓐ法式布丁拼盤的底部部分。在切成小塊的海綿蛋糕體上加入口香糖糖漿，再放入切成1cm塊狀的香蕉。然後再次淋上口香糖糖漿。ⓑ「聖代的美麗，取決於鮮奶油的擠法。」平野先生如此表示。擠成對稱狀較佳。ⓒ從鋁杯中取出布丁放在中央，周圍擺放各切2片的水果。一邊考慮顏色和平衡，一邊編排。

食譜大公開！

水果潘趣酒

水果聖代下方部位的潘趣酒作法。
※約10人份／1人份使用約120ml

材料
糖漿
蘋果……250g
水……1200ml
砂糖……150g
檸檬果汁……20ml
裝填用水果……適量
（可搭配當季素材或依個人喜好選用。例：蘋果、香蕉、鳳梨等）

作法
250g的蘋果去皮，切成適當大小（皮也要使用，先另外放著備用）。將蘋果和皮放進水裡用火煮一下。沸騰後轉為中火再煮20分鐘。將蘋果和皮取出，等沸騰的熱氣散去後，放入砂糖和檸檬汁並讓其充分溶解。放進冰箱冷卻。再把冷卻後的糖漿裝入容器裡，再選用個人喜好的水果，切成1cm的塊狀並放進容器內，然後在水果上方盛入冰淇淋、冰凍果子露、水果。

供應水果三明治！

採訪當天裝入的內餡是蘋果、鳳梨、香蕉、西瓜。先在吐司上塗抹薄薄一層奶油，再抹上鮮奶油（脂肪含量36%），然後將全部的水果切成1mm厚的薄片重疊擺放上去。蘋果的清脆口感非常有個性。裝填的內餡選用當季的水果。也可以把不吃的水果換掉喔！

800日圓（含稅）

以義大利餐點為主的午餐也相當豐富。參加花式水果切法、水果雕刻1日體驗課程的男性學員也相當多。

店址：日本國東京都中野區鷺宮3-1-16 ヒラノビル1F
電話：-81-3-3337-0351
營業：9：00～19：00（L.O. 18：30）
公休：週二
http://kudamono.a.la9.jp/
距都立家政站走路1分鐘

平野先生在電視東京系「TV Champion電視冠軍」，以水果切法王選手權獲得優勝。也擔任烹飪專校的講師和志工活動。

懷念、精緻、深愛的水果三明治

使用了現切水果才擁有的鮮豔色彩，以及水果切成較大塊的多汁口感，都令人不禁洋溢起笑容。

水果三明治　800日圓（未稅）

fruit & cafe Hosokawa（フルーツ&カフェ ホソカワ）

自7年前開設水果甜點屋以來，附近街坊的居民便經常前來光顧，而店內的人氣餐點是水果三明治。有豐盛水果夾在其中，品嚐一口美麗夾心內餡的瞬間，水果的溫和甜味便以香蕉為首，緩慢地在口中擴散，有股令人懷念的懷舊氣氛。正因為發揮了常見素材的風味，其美味與否，可以從常客經常光顧的這個行為中，深感這是比什麼都更好的回答。

而且，無論男女老幼，提供適合任何人口味的甜點，必然有其秘訣。尤其是店家使用的鮮奶油，徹底展現出店家的堅持。這個鮮奶油，可用來襯托出水果本身甜味的清爽口感以及溫潤香氣，是經過研究而呈現黃色偏少的純白色的絕品鮮奶油。

松本亮先生
曾經在飯店任職，後來才到Hosokawa服務。Hosokawa甜點的魅力，是為了讓顧客品嚐到水果原始的風味，而使用了頂級水果。真的非常重視水果本身的簡樸美味！

綜合水果聖代也極受歡迎！

即使是在設有Hosokawa咖啡店的京都高島屋中，依然算是頗為熱門的玫瑰聖代。它的魅力也是在於現切水果的新鮮感以及緊密飽滿的水果內容物。各層水果之間，放入了以酸味為亮點的覆盆子冰凍果子露，最頂層則有霜淇淋，非常實惠！各季節推出的聖代也極受歡迎。

甜點美味的秘訣

❶為使內容物無法產生空隙而將水果切得小塊一點。 ❷最後用水果作結束而展現層層相疊的鮮奶油和水果的美麗層次。

玫瑰聖代 800日圓（未稅）

甜點美味的秘訣

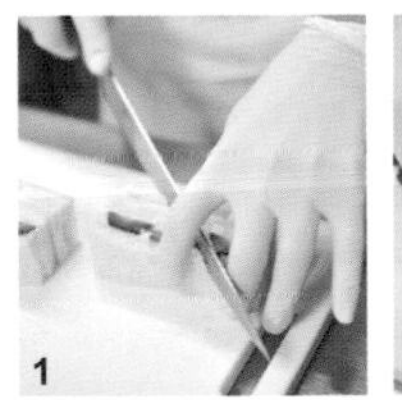

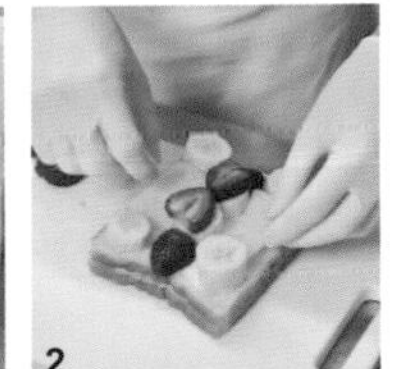

❶切開時非常重視外觀的美感。 ❷將作為內餡的鳳梨、木瓜、哈密瓜、香蕉、草莓全部切成大塊的，能增加存在感。 ❸鮮奶油使用鮮度和香氣俱佳的Takanashi鮮奶油。選擇混合脂肪含量47%的和35%的產品，並確實打發。

店址：日本國京都府京都市左京區下鴨東本町8
電話：-81-75-781-1733
營業：10：00～18：00（L.O. 17：00）
公休：週三
http://www.fruit-hosokawa.com/
自京都站「洛北高中前」公車站下車，走路5分鐘

1948年，在京都・下鴨以水果店的姿態創立。7年前兼設水果甜點屋，成為附近街坊經常光顧的人氣名店。今年夏天，推出了使用店家自製的水果果醬的刨冰。

因糕點廚師高木先生鍾愛而開始使用的Takanashi鮮奶油。「在家裡自行製作時，也請一定要試用看看喔！」

追求不變的口味
老舖的暢銷甜點

將長久以來高人氣的水果三明治中的水果，以切得更大塊的方式，奢侈地供應給顧客的特製水果三明治800日圓（未稅）。也提供外帶。

水果甜點屋Yaoiso（フルーツパーラー　ヤオイソ）

創立於1869年的水果店，開設水果甜點屋已有超過40年之久。正因為是這樣的一間知名老舖，在京都才會有許多人回答「凡是提到Yaoiso，當然就是水果三明治啊」。大家都這麼說，一定有什麼特殊的秘密，所以我就試著詢問了。一問之下，得到了「每家企業當然有許多鮮奶油和吐司等獨家配方，於是我們使用長久以來認定是最好的產品來一決勝負，沒有其他的了」的肯定回應。不管嘗試了幾次，都只有從一開始使用的這個吐司和這種鮮奶油，才是最適合Yaoiso的水果三明治的。

這種不變的美味，就這樣一直保持著，並且在菜單上逐漸進化。好好地品味水果店自傲的水果，例如夾著幾乎要掉出來般的大顆水果的「特製水果三明治」等，魅惑的夢幻逸品還會陸續推出喔！

員工一字排開全部是女性。以甜美的笑容帶來歡愉氣氛。

奶油葛粉水果拼盤也極受歡迎！

符合京都印象的日式甜點「奶油葛粉水果拼盤（クリーム葛あられ）」，是在葛粉上擺放大量的香蕉、鳳梨、哈密瓜、木瓜、西瓜、奇異果、櫻桃等（使用的水果會依季節更改）水果，再將香草冰淇淋放在正中間。也提供套餐——水果三明治＋綜合鮮果汁＋奶油葛粉水果拼盤（クリーム葛あられ）。

奶油葛粉水果拼盤
800日圓（未稅）

甜點美味的秘訣

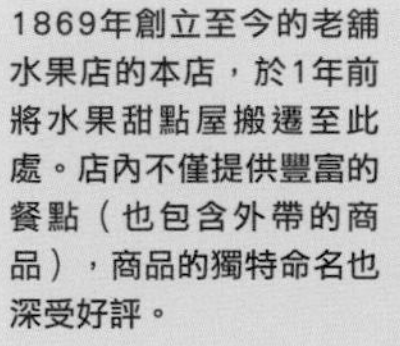

做成滑順口感的葛粉，搭配清爽風味的黑蜜。不會過度強調日式風格，能充分襯托出水果的原味。

甜點美味的秘訣

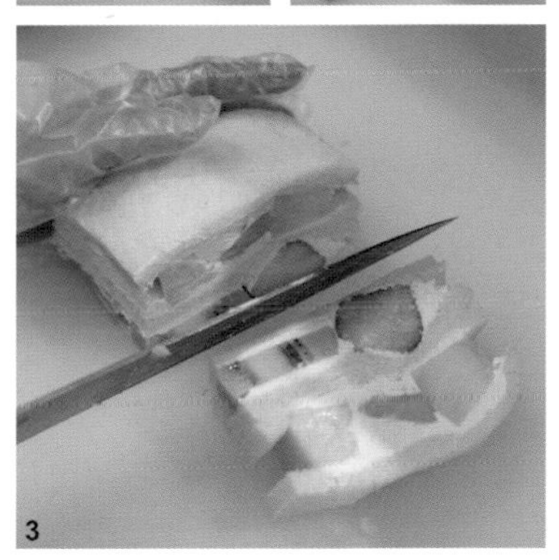

❶使用相同的吐司，40年不變。❷放入大量甜度偏低的奶油。❸將三明治切成6等分（1人份），並注意不要讓夾心內餡的大顆水果掉出來。

也有賣伴手禮喔！

水果捲
各600日圓
（未稅）

左下開始分別是水果彩虹（Fruit Rainbow）、哈密瓜燦星（Mellon Allstars）、芒果樂園（Mango Paradise），各500日圓（未稅）

1869年創立至今的老舖水果店的本店，於1年前將水果甜點屋搬遷至此處。店內不僅提供豐富的餐點（也包含外帶的商品），商品的獨特命名也深受好評。

店址：日本國京都府京都市下京區四条大宮東入ル立中町496
電話：-81-75-841-0353
營業：9：30～17：00（L.O. 16：45）
公休：除新年期間以外，全年無休
http://yaoiso.com/
大宮站出口旁

夏季果凍中，也推薦含有大塊水蜜桃的「水蜜桃戀歌（Peach Sonata）」。擔任主任的長谷川先生表示：「儘管名稱很可愛，份量卻是很充足呢！」。

不添加砂糖 品嚐水果原始風味的 新鮮冰沙

收到顧客點餐後才一杯一杯製作的果汁＆冰沙，也能格外體驗到新鮮感。

冰凍熱帶風情（夏季限定）
680日圓（含稅）、
酪梨冰沙　680日圓（含稅）、
覆盆子優格冰沙　630日圓（含稅）

fruit cafe Saita! Saita!（フルーツカフェ サイタ サイタ）

採田賢志先生、博惠小姐
原本經營水果批發的採田夫婦，抱持著「真希望能讓顧客輕鬆品嚐到水果的天然美味」的想法，而開始了這間店。與擅於交談的這兩位共處的美好時光，足以和水果的美味匹敵呢。

味道好自然不在話下，鮮豔顏色也讓人內心雀躍的沁涼冰沙。完全沒有添加任何砂糖，是因為不想要在喝到尾聲時，有砂糖獨特的甜味殘留，而且更重要的原因是不希望砂糖在體內被吸收時，造成身體大量的維生素和鈣被剝奪掉。既然特地前來攝取水果，當然必須是美味又健康的，這是店主夫婦的信念。他們不但不打算事先做好擺著，甚至會考量現做成品的營養價值和美味程度。

最令顧客們感動的是，店主為了讓顧客在品嚐時能有清爽和愉悅的心情，而刻意放入了不少巧思。以會出現黏稠和生澀味的酪梨為例，店主會添加一些柳橙果汁和葡萄柚果汁，以增加清爽感。對於帶有酸味的覆盆子，則放入香草冰淇淋和蜂蜜以及檸檬調和。諸如此類。傳遞出「希望顧客們能重新發現水果的美味」想法的冰沙系列。

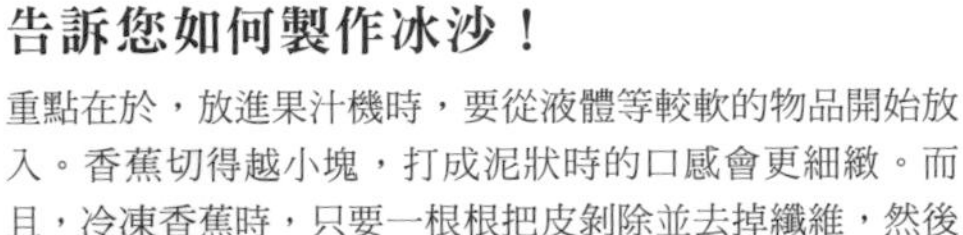
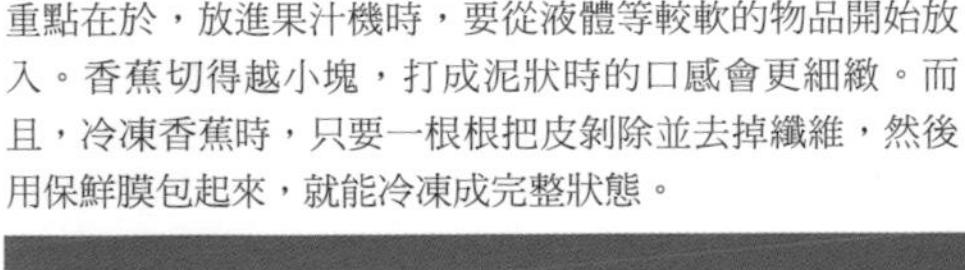

使用隨處可見的香蕉，逐一講解步驟，告訴您如何製作冰沙！

重點在於，放進果汁機時，要從液體等較軟的物品開始放入。香蕉切得越小塊，打成泥狀時的口感會更細緻。而且，冷凍香蕉時，只要一根根把皮剝除並去掉纖維，然後用保鮮膜包起來，就能冷凍成完整狀態。

材料

冷凍香蕉……1根
牛奶……100～150ml
香草冰淇淋……100ml
冰塊……2塊
蜂蜜……少許

1
將牛奶和香草冰淇淋放進果汁機內。

2
放入切成一口大小的香蕉、冰塊、蜂蜜。

3
攪拌到冰塊已完全消失的狀態為止。

香蕉牛奶冰沙　580日圓（含稅）

冰凍熱帶風情
內容物包括柳橙果汁、鳳梨、冷凍芒果。柳橙的清爽風味充分展現出夏季感。

酪梨冰沙
內容物包括酪梨、柳橙果汁、葡萄柚果汁、香草冰淇淋。帶有的圓潤甜蜜香氣，是因為使用了鳳梨作隱藏味道的緣故。

覆盆子優格冰沙
內容物包括優格、香草冰淇淋、冷凍覆盆子、蜂蜜、檸檬。優格和覆盆子的組合會呈現出溫和的酸味，深受女性顧客歡迎。

開業至今年已有10年。經常在店內舉辦展覽會或者現場演奏等，且大多是舉行以神戶為中心活躍的藝術家們的活動。廚房的櫃架上，也擺放著曾前來光顧過的藝術家們的簽名或留言。

店址：日本國兵庫縣神戶市中央區相生町1-1-15-1F
電話：-81-78-362-6737
營業：10：00～20：00（L.O. 19：30）
週六、週日、例假日11：30～18：30（L.O. 18：00）
公休：週二、第3週的週三
http://saitasaita.com
距西元町站走路1分鐘

曾在法國總店研修的主廚梁先生表示：「溫度、濕度的不同，會使蛋的打發方式出現極大改變。請一定要去吃一次只有專家才能調出來的口味喔！」。

是濃郁與風味調和的協奏曲 連成年人也鍾情喜悅的刨冰

鬆軟綿柔的刨冰上，淋著濃稠黏膩的醬汁，以及清除口中味道的檸檬……。美好滋味傳遞而來的纖細感，深深擄獲人心。

酪梨刨冰　700日圓（含稅）

FRUIT GARDEN　山口果物（フルーツガーデン　ヤマグチクダモノ）

如果是瘋狂愛好者，甚至一天會吃4碗這間店的刨冰。不過這也是正常的，店內的菜單中，無花果、水蜜桃、夕張哈密瓜、烤地瓜…等等，只是看個菜單，裡面卻記載了好幾樣令人想嘗試看看的口味。每一道甜點，都會在餐點送來之前，才將果實研磨成泥做成醬汁，並大量充足地淋在刨冰上，然後才端上桌給顧客品嚐。

其中最引起人們興趣的是，酪梨刨冰。店主使用了超級市場沒有販售的最高級墨西哥產酪梨「Premium Rich」，期望能讓顧客直接品嚐到它細柔綿密的醇厚風味。把酪梨連同刨冰一起放入口中，圓潤的風味在嘴裡溶化開來……。刨冰的質感會依照溫度和刨冰的角度而產生變化。正因為有這種綿密鬆軟的口感，才不至於在吃到刨冰的那瞬間，害腦袋也一起冰凍起來，而且反而因此能把大份量的一整碗吃光光，真不由得對計算縝密的這碗刨冰感到佩服呢。

手塚章元先生
從陽光爽朗的，到俊俏帥氣的，店內的全部員工都是男性！由男人構思出的魅惑甜點，每一道，都射中女性的芳心。

豐富水果的法式吐司也極受歡迎！

在2片吐司份量的法式吐司上，盛放奇異果、香蕉、柳丁、草莓、鳳梨、葡萄柚、藍莓，最後再以冰淇淋妝點，是份量充足的一道水果法式吐司拼盤。更能從芒果與奇異果等6～7種水果中選擇2種新鮮醬汁。期望藉由味道的變化讓顧客不厭倦，是令人感覺貼心的安排。

水果滿載的法式吐司　1500日圓（含稅）

甜點美味的秘訣

❶將雞蛋和鮮果汁做成的蛋奶液充分滲入吐司內，再將吐司切成4×4cm的小塊。 ❷在即將食用時，才將醬汁使用的果實磨碎。奇異果的話，大約1顆的量 !!

甜點美味的秘訣

❶使用1整顆最高級的酪梨。 ❷將牛奶和鮮奶油一起放進果汁機裡。 ❸刨冰上面盛放香草冰淇淋，再依序層疊幾層醬汁和刨冰。 ❹放上轉換味道時用來清除口中味道的檸檬就完成了。

店址：日本國大阪府大阪市中央區
　　　上本町西2-1-9　宏栄ビル1F
電話：-81-6-6191-6450
營業：10：00～20：00
公休：不定時公休
http://www.fruit-garden_net
距谷町六丁目站走路5分鐘

經營水果店的第3代店長、咖啡店的店長，以及孩提時的同班同學，這三人是默契佳的三重奏夥伴。店內常客從女高中生到上了年紀的男性，顧客年齡層廣泛，是相當受到歡迎的水果甜點屋。

最佳賞味期就在今日的甜蜜水果拼盤！

全部的三明治種類，都可以搭配今日果汁以及豐富水果的套餐。把鮮嫩多汁的水果全部裝成一盤。

水果三明治　1130日圓（含稅）

MIKI FRUITS CAFE（ミキフルーツカフェ）

位於購物、約會高人氣的大阪·堀江一帶，受到眾多女性顧客喜愛的MIKI FRUITS CAFE。而且，促使這種人氣的是，品嚐過一次如此豐盛的美味水果後，自然會成為回頭客。

只是一份水果三明治，便能夠攝取到相當於1天份量200公克的維生素，讓女性顧客非常高興。由於這裡本來就是水果店，所以使用了今日（！）正是最佳賞味期的完熟水果。也因為如此，即使和鄰座的顧客點了相同的餐點，用來裝飾的水果也可能會有所不同。不過，這也是另一種樂趣呢。

水果三明治通常會使用5～6種水果，而今天的內容物有無花果和麝香葡萄等在其他店裡不常見到的組合。

使用清爽型的鮮奶油，是因為「不希望顧客只感覺到甜味，而能夠真實地品嚐到水果原始的清新酸味」。

水果顧問 樋園AYUMI小姐
真不虧是擁有水果顧問（Fruit Advisor）資格的店長以及樋園小姐以精確眼光所嚴選的水果，確實是非常美味。由這樣的專家研發的菜單，必定是對美容和健康都有益處的！

秘密的水果聖代也極受歡迎！

無論是外觀還是內容物，都奢華無比。夏季時，放入芒果、水蜜桃、無花果；秋季時，選用水梨、李子；從冬季到春季，使用大量的草莓等，依照季節擺放當季的水果，趣味橫生。水果的甘甜味完全不輸給裝飾用的冰淇淋，真是令人充滿感激。

香蕉、鳳梨、柑橘、蘋果，再加上鮮奶的綜合鮮果汁，擁有不讓人感覺有多餘甜味的舒暢口感，喝起來非常順口。鮮果汁也提供外帶。
綜合鮮果汁　430日圓起。

不只供應水果，也備有送禮用或適合當作伴手禮的商品。

陸續往下吃，中間會逐一出現充足份量的各式水果種類。

秘密的水果聖代　1380日圓（含稅）

甜點美味的秘訣

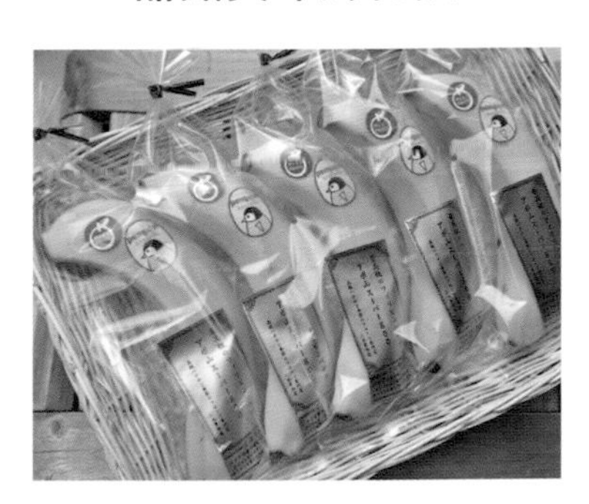

MIKI FRUITS CAFE最引以為傲的，是貼有企鵝標誌的最頂級菲律賓香蕉「阿波火山 Super 800」。口感濃郁但餘韻爽口的這款香蕉，竟然1根要價600日圓！在日本，只有MIKI FRUITS CAFE會將這款香蕉放入全部菜單中，光是這一點就非常值得前來造訪。

店址：日本國大阪府大阪市西區北堀江2-2-12
電話：-81-6-6532-5490
營業：11：30～20：00（L.O. 19：30）
公休：週三
http://www.rakuten.co.jp/mikikudamonoten/
距西大橋站走路2分鐘

適合當作午餐的三明治套餐、義大利麵、披薩＋水果等約13種的歐式自助餐點（午餐2980日圓～、晚餐3500日圓～）等。能以水果＋α享受餐點真是開心！

使用整整1大顆甜蜜蜜水蜜桃 童話故事般的特製聖代

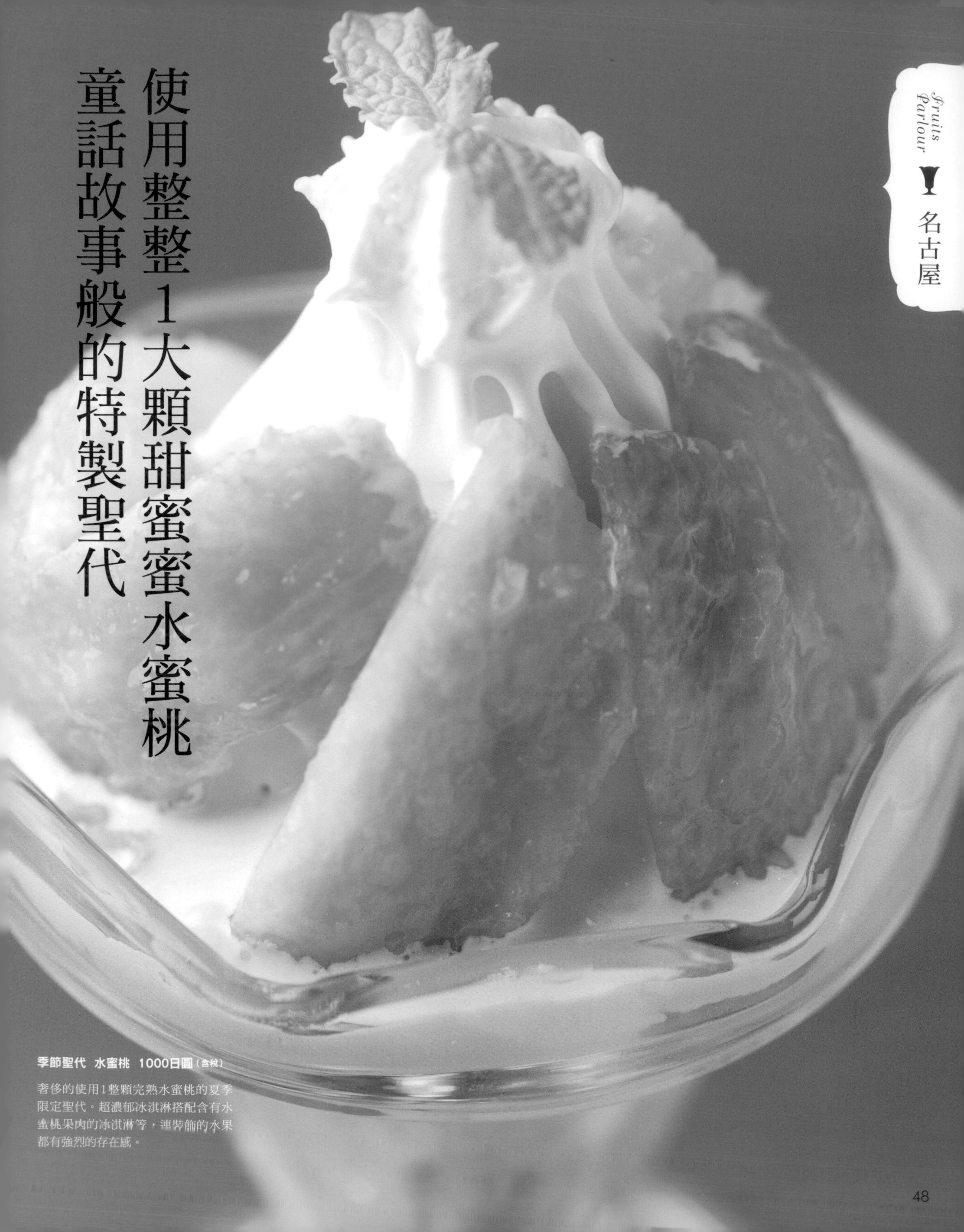

季節聖代　水蜜桃　1000日圓（含稅）

奢侈的使用1整顆完熟水蜜桃的夏季限定聖代。超濃郁冰淇淋搭配含有水蜜桃果肉的冰淇淋等，連裝飾的水果都有強烈的存在感。

果物喫茶　水果物語（くだもの喫茶　フルーツ物語）

前來採訪的時間是上午10點30分。即使是在這個時間帶，店內依然是女性顧客高朋滿座的狀態。我們探求其中的奧秘後，發現秘密原來是──既時尚又超大份量的甜點菜單。除了將格子鬆餅和銅鑼燒薄鬆餅等搭配大量的水果以外，點飲料還會附贈綜合水果的拼盤等，店內的多樣優惠深深擄獲了名古屋居民們的心。這間店的母體根基，是自明治時代開始便經營水果批發生意的公司，換言之，他們無疑是水果這條道路上的專業人士。同時，店家會從產地和農家中嚴選出該時期最棒的當季水果，在品質方面著墨甚深。另外，從英國最大型的「Haywood & Padgett」公司直接輸入司康餅（Scone），或是使用了北海道產的鮮奶油所製作的25%（乳脂肪含量為12.5%）的超濃郁冰淇淋「CREMIA」等，皆可看出店家在水果以外的地方也有許多講究和堅持。自今年1月開幕以來，「果物喫茶　水果物語」便是在媒體等處話題性極高的矚目名店。

巴西莓果＆各式莓果的綜合鮮果汁　600日圓（含稅）

點了飲料後，店家會招待5～6種切片水果一起端上桌！照片的飲料是巴西莓果鮮果汁搭配藍莓和香蕉做成的冰沙雪泥。

甜點＆水果的綜合套餐也極受歡迎！

將司康餅（Scone）、銅鑼燒、鬆餅、水果通通盛放在同一個盤子上，且能從8種店家自豪的冰沙中選擇1種作為套餐組合，是人氣No.1的餐點。而且，還可以依個人喜好，免費在銅鑼燒上淋上紅豆喔！

大滿足套餐　1100日圓（含稅）

甜點美味的秘訣

❶使用完整1顆山梨縣南阿爾卑斯產等擁有濃郁完熟甘甜風味的水蜜桃。店家會在顧客點餐後才切開水蜜桃，因此會有充沛的鮮嫩多汁感。 ❷放在玻璃杯底的是含有水蜜桃果肉的香草冰淇淋。它帶有比較清爽的口感，能調節整體的均衡。 ❸能品嚐到宛如現搾牛奶般的濃醇與新鮮感的優質冰淇淋。搭配水蜜桃的適合程度也非常出色！

內容物包括有

- ◎ 薄荷＆鮮奶油
- ◎ 完熟水蜜桃
- ◎ 冰淇淋「CREMIA」
- ◎ 鮮奶油
- ◎ 含有水蜜桃果肉的香草冰淇淋
- ◎ 水果燕麥

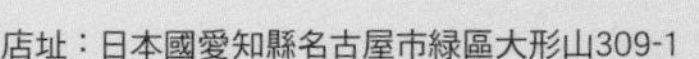

店址：日本國愛知縣名古屋市綠區大形山309-1
電話：-81-50-3642-1070
營業：8：30～17：30（L.O. 17：00）
週六、週日、例假日8：00～17：30（L.O. 17：00）
公休：不定時公休
http://www.fruits-monogatari.com
距名鐵鳴海站車程約10分鐘

可免費淋上紅豆

在接下來的季節，不妨也試試看水果刨冰。盛放著含有果肉的冰淇淋和切片水果，並淋上現搾鮮果製成的果汁糖漿，絕對是一道出色逸品。

邁向水果巧匠之路！由主角和頂級配角交織而成的動人餐點

水果三明治　650日圓（含稅）

頂級的吐司和鮮奶油，讓餡料的水果頂多只是輔助的配角作用。放進竹籃內供應給顧客的特殊方式，也讓人印象深刻。

頂級水果八百文（トップフルーツ八百文）

一踏進店內，便感覺到水果濃郁甘甜的香氣充滿其間，光是如此，便莫名地感覺神清氣爽！「水果也會經常呼吸，有負離子的功效喔！」告訴我們這一點的是女店主鈴木和子小姐。其實這位鈴木小姐可以稱作是「水果博士」或「水果巧匠」，她不僅進行了各種水果品種的改良，也在日本全國到處舉辦演講會等，是非常優秀的人才。也就是說，這間店是由專家經營的水果店&水果咖啡店。

鈴木小姐，抱持著想要傳遞水果魅力和水果帶來的健康效果等想法，首先由法式吐司開始，忽略掉菜單內任一道餐點的盈利。水果三明治也是想請諸位一定要品嚐看看的自豪料理。它使用了一般市面上沒有流通的飯店規格的山型吐司，以及向牛奶業者直接採購的高脂肪含量的鮮奶油等。正想著這些食材都各有其強烈特色，「真的適合搭配在一起嗎？」的時候，在口中擴散開來的，卻是水果的新鮮風味和香氣。原來，吐司和鮮奶油只是為了讓水果吃起來更美味的頂級配角，由它們確實達成任務，襯托出水果主角的地位，是完成度極高的一道餐點。

抹上店家自製果醬的吐司，再搭配套餐所附的水煮蛋與水果拼盤，是營養美味都滿分的早餐組合。週末時幾乎總是大排長龍，獲得顧客一致好評！

法式吐司也極受歡迎！

將和水果三明治一樣的麵包徹底烘烤後製成的人氣餐點。盛放大量的水果，讓顧客有「連這裡都有！」的驚喜，而且，附贈了冰淇淋和飲料後，竟然要價不到1000日圓！非常優惠！

法式吐司　960日圓（含稅）

甜點美味的秘訣

❶吐司上塗抹了蛋奶液後，用橄欖油拌炒一下是一大重點。 ❷完成後，淋上楓糖糖漿，可以增加甜味和香氣。

甜點美味的秘訣

在吐司上均勻塗抹鮮奶油後，擺放切成容易食用大小的黃金鳳梨薄片、奇異果以及草莓。鮮奶油頂多只是輔助角色，不需要抹得太厚，只要像是在吐司上抹薄薄一層奶油的那種程度就可以了。

內容物包括有

◎ 吐司：將飯店規格的山型吐司厚切成約2cm

◎ 鮮奶油：牛奶業者努力調製的高脂肪含量的嚴選品

◎ 水果：黃金鳳梨、奇異果、日本國產草莓

店址：日本國愛知名縣古屋市瑞穗區汐路町1-5
電話：-81-52-852-0725
營業：8：00～19：00
公休：全年無休
http://www.arkword.co.jp/yaobun
距地下鐵櫻山站走路7分鐘

在都內接近3萬日圓的哈密瓜頂級名牌「皇冠哈密瓜（Crown Melon）」。在製作哈密瓜果汁時毫不可惜地大方使用這種哈密瓜，並且是以1杯1000日圓的破盤價格供應給顧客。

在八百文，只要與店主商談身體方面的困擾，店主便會精確地建議適合的鮮果汁或水果，而且效果非常明顯。不僅曾確實治好了身體不適的症狀，甚至在日本各地皆有許多粉絲。

竟然有約10種水果！色彩繽紛、鮮豔欲滴！滋潤身體的水果餐點

綜合水果沙拉　1188日圓（含稅）

根據季節放入各種不同顏色的水果，再淋上大量的特製優格醬所做成的沙拉。少量地一點一點品嚐各種果實，是這道沙拉的一大魅力。

FRUIT PARLOR LEMON（フルーツパーラー　レモン）

在名古屋，幾乎「只要提及水果甜點屋，當然是FRUIT PARLOR LEMON！」般，是家喻戶曉、人人熟悉的老舖名店。兼設在販售送禮回禮使用的高級水果禮品的水果商店內，可以技巧純熟地使用這些水果享受奢華餐點。

將水果的果皮作為容器裝入100%果實的果凍，以及水果三明治等，長期以來始終頗有好評，然而拋開這些不管，真正誇耀人氣No.1的是水果沙拉。雖然只是在水果上淋上優格醬的簡約風格，其味道卻有一種「真不虧是老舖甜點屋」的感動。在擁有高級味道的各種水果上，以及酸味低的水果上淋上優格醬，可以增加圓潤風味，讓整體口感均勻平衡。優格醬不是只淋在上層，豐富的大份量讓人直到最後依然吃得到均勻美味。

除了採訪的這間門市以外，名古屋站直接連結的JR名古屋高島屋地下2樓以及松坂屋名古屋店地下1樓也都設有門市，前來造訪名古屋時，請一定要親自來品嚐看看。

水果三明治　1026日圓（含稅）

放入蘋果、鳳梨、黃桃、哈密瓜、草莓的豪華三明治。混合2種口味的鮮奶油，再加入極少量的美乃滋，能讓濃郁感加分！也和切成薄片的潤澤感吐司相當搭配。

鮮果汁也極受歡迎！

使用1.5顆葡萄柚。宛如直接品嚐果實般的新鮮感，實在獨樹一格。

鮮葡萄柚汁　864日圓（含稅）

甜點美味的秘訣

❶葡萄柚如果是用機器搾汁，會產生澀味，所以必須先把果肉取出後，用手工搾汁的方式萃取果汁。 ❷用裝有冰塊的雪克杯搖晃，冷卻果汁，再注入到葡萄柚皮做成的容器內，100%純果汁的鮮果汁就完成了。

甜點美味的秘訣

除了放在最上層的裝飾以外，全部都切成一口大小的塊狀。優格醬要摻入煉乳作為隱藏的味道，是調製時的一大重點。

內容物包括有

哈密瓜、柳橙、鳳梨、木瓜、西瓜、奇異果、香蕉、櫻桃、藍莓、覆盆子。

店址：日本國愛知縣名古屋市中區
　　　栄3-3-1　丸栄B1F
電話：-81-52-261-1664
營業：10：00～20：00（L.O. 19：30）
公休：不定時公休（依丸榮為準）
http://www.lemon1969.co.jp/
距地下鐵榮站走路3分鐘

位於百貨公司美食賣場的店內，擁有過去咖啡館的懷舊風貌。在名古屋市內3間老舖百貨公司中設有門市。

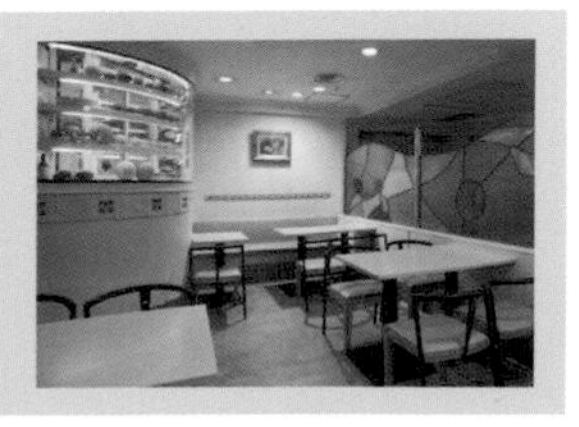

其實，採訪當日是記者品嚐到的人生第一個水果三明治！吐司和鮮奶油的組合比想像中更適合，和甜點有不同風味的新感受，真是對這種美味驚嘆不已！！

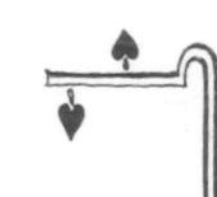

西脇水果屋（フルーツのにしわき）

從父執輩繼承下來的水果店，由50多年來長久與水果為伍的兄妹經營的傳統水果店。店內一隅的小空間設有室內座位，可選擇的菜單也只有幾種而已。其中一種刨冰，甚至獲得了「即使譽為是名古屋代表也不為過」的超高評價。關鍵因素在於將冷凍的完熟水果直接放進果汁機內攪拌製成的醬汁。冰凍果子露狀態的醬汁直接凝縮了果實本身的甜味。剛開始會是細緻綿密又清脆的口感，繼續品嚐下去，會轉變為冰沙雪泥般的滋味等，能隨著食用過程，享受當下不同風味與口感的是醍醐味。

店主表示：「完全冷凍果實至少需要2～3天，如此耗費心思，當然希望能提供美好的滋味。」在這次的採訪中，店主以「感覺很不好意思」的理由婉拒了個人照的拍攝，然而，店主一切從簡的溫和性格也是這間店的魅力。

店內擺放了店主精挑細選的四季水果。

利用水果陳列台，設計出能容納5～6人的室內座位空間。

慕刨冰之名前來，在名古屋大排長龍！美味秘訣在於細柔綿密又濃厚的特製醬汁

前方：西瓜 400日圓（含稅）
後方：水蜜桃 500日圓（含稅）

只有小型的個人店舖，才能以如此合理的價格供應淋上大量醬汁的刨冰。醬汁凝縮了西瓜和水蜜桃的甜味，必定能讓人對這濃郁口味感到驚豔！

甜點美味的秘訣

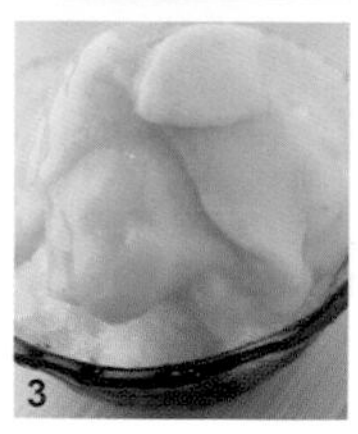

❶作成醬汁的，是直接冷凍了西瓜再搗碎成碎冰的果實冰。大量使用、完全不吝嗇，真令人開心！ ❷將少量的水和根據水果進行微調的秘傳糖漿一同放進果汁機攪拌，就完成了。因為呈現出冰凍果子露的狀態，所以冰不易溶化也是一大特徵。 ❸夏季限定的水蜜桃幾乎完全覆蓋住冰塊般，醬汁淋得像冒尖般豐盛！首先，請先單純品嚐一下醬汁，再享受水蜜桃的甜味吧。 ❹水蜜桃也是直接冷凍完熟狀態的果實。

店址：日本國愛知縣名古屋市西區浅間1-2-7
電話：-81-52-531-3504
營業：10：30～19：00
公休：週三（9月之前無休）
距地下鐵鶴舞線淺間町站走路1分鐘

刨冰上使用的水果冰雖然有足夠的庫存量，卻因為這是人氣名店，銷售一空的情況也很常見。為了能確實品嚐到，最好能在上午或下午早一點的時間前來！

最愛水果類甜點的料理研究者們的精心食譜

由最愛水果類甜點的
料理研究者們所傳授的水果甜點屋菜單。

以任何甜點屋皆超高人氣的「水蜜桃聖代」、「水果咖哩」，
以及「裝在水果容器內的水果果凍」、「法式布丁拼盤」等經典餐點為開頭，
還有不使用雞蛋、白砂糖、乳製品製作的冰淇淋和聖代等，
全部共有42種！

由於特別請託「務必介紹水果三明治」，
因此將推出風格迥異的5種水果三明治，
實在令人雀躍不已！

要不要試著做做看嚮往以久的夢幻餐點呢？

Fruits Parlour

Part 2

柳瀨久美子小姐

單一水果不混合主義 成人專屬的水果三明治

水果三明治
～黑櫻桃、芒果、奇異果～

a

材料（2人份）

三明治用的吐司 …… 6片

奶油乳酪霜

奶油乳酪 …… 50g

去除水分的優格 …… 150g

※在攪拌盆上擺放濾篩盤並鋪好紙巾，放上優格抹平，靜置一晚。

糖粉 …… 40g

水果

芒果 …… 約1/4個

黑櫻桃 …… 10顆

奇異果 …… 1顆

作法

預先準備：將奶油乳酪放回室溫備用。

1. 將奶油乳酪放進攪拌盆內，加入糖粉攪拌成滑順的霜狀。
2. 將去除水分的優格加入 1 中混合攪拌。
   ※沒有要立刻使用時，請放進冰箱冷藏。放進冰箱後質地會變硬，請在使用前，再次用橡皮刮刀重新攪拌成滑順的霜狀。
3. 芒果縱向切成3片後剝除外皮，再切成約2mm厚的薄片。黑櫻桃沿著內籽用刀子縱向劃出切痕後扭轉一下，切下一半後，再把內籽取出。排放在廚房紙巾上（*a*）。奇異果去皮，縱向對切成半，再切成長度接近一致約3mm厚的薄片。
4. 將步驟 2 的奶霜分成6等分，均勻塗抹在6片吐司上，並注意塗抹的厚度要一致（*b*）。
5. 將水果排列在 4 的上方（*c*），再拿另一片吐司覆蓋上去。
6. 以用水浸濕又緊緊擰乾的紙巾裹住整個麵包，上面再用保鮮膜罩起來（*d*）。放進冰箱冷藏1小時以上，讓整體充分入味。
7. 切掉吐司邊，再切成容易食用的大小。

b

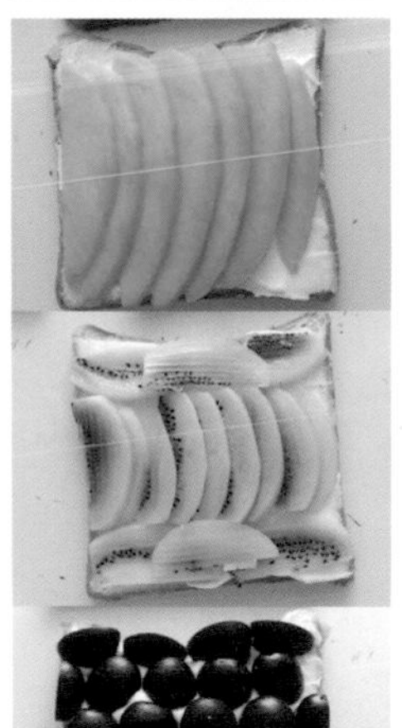

c

撒上黑胡椒

如果對於同一種味道感到厭煩，請一定要試試撒一些黑胡椒。會轉變成另一種不同風味。我喜歡搭配香檳一起吃。

Comment

◉不太喜歡水果混合後的組合口味時，如果把水果三明治的味道混雜在一起，將會非常可惜。因此，我大多是在一個三明治中只放入一種水果。

◉將水果切成薄片的原因，是因為切開時的橫截面非常美麗。而且和這次使用的奶霜也能達到均衡口感，我認為這樣處理會比較合適。

◉美國櫻桃三明治的凝縮果實風味和嚼勁，相當具有魅力。

◉奇異果三明治帶有清爽酸味，吃起來很爽口。

◉芒果是味甜且略帶黏膩的果實，和優格的酸味充分融合。

d

Comment

◉使用最喜歡的水蜜桃做成的聖代。在開花的時期可愛動人，成為果實後，顏色、香氣、外型都美麗無比。就這樣直接食用也一樣水嫩多汁幾近完美，所以要當作製作甜點的「一個素材」使用，總覺得是有許多畏懼存在。然而，如果是聖代的話，應該就可以發揮新鮮水蜜桃的優點吧……，我抱持著這樣的信念才鼓起勇氣試著做做看了。

◉這次，和水蜜桃搭配的是白葡萄酒風味的蜂蜜醃料（Honey Marinade）和玫瑰與覆盆子的冰淇淋。玫瑰和水蜜桃在香味上非常契合。以稍微溶化的玫瑰冰淇淋和覆盆子及蜂蜜醃料混合的狀態品嚐水蜜桃，真的會有超～幸福的感覺喔！

水蜜桃和玫瑰的聖代

a

b

c

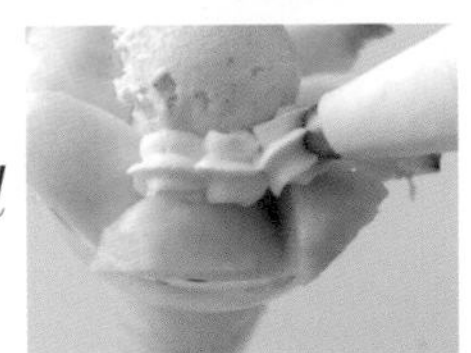

d

e

材料（1人份）

水果聖代用的香草冰淇淋（P.61）…… 1～2球
玫瑰和覆盆子的冰淇淋（參照如下）…… 1球
水蜜桃（裝飾用）…… 約1顆
生奶油（容易製作的份量）

A
- 鮮奶油 …… 100ml
- 細砂糖 …… 1小匙

糖漬水蜜桃（容易製作的份量）
水蜜桃 …… 1顆

B
- 蜂蜜 …… 1～1又1/2大匙（依水蜜桃的甜度調整）
- 檸檬果汁 …… 2小匙
- 白葡萄酒 …… 2大匙（如不喜歡酒也可以用水代替）
- 水 …… 2大匙

（如果有的話）可食用的玫瑰花瓣 …… 適量

糖漬水蜜桃

將水蜜桃浸漬在白葡萄酒和蜂蜜混合調製出的醬汁內。單是這樣就非常美味！

作法

1 製作生奶油。將**A**放入攪拌盆內，打到7分發泡，再放進冰箱內冷卻備用，直到使用前再拿出來。使用時再打到8分發泡，然後盛入到裝有直徑8mm星型花嘴的擠花袋內。
2 製作糖漬水蜜桃。將**B**放入攪拌盆內攪拌。
3 水蜜桃1顆，去皮，縱向對切成半。取出內籽，切成6～8等分的彎月形（*a*）。
4 將*3*放入*1*內，用橡皮刮刀大略地整個攪拌一下，再用保鮮膜緊緊覆蓋在表面上，放進冰箱冷藏20分鐘以上充分入味。使用時只取出要用的份量，配合容器的大小，適當地切一下。裝飾用的水蜜桃1顆也以相同的切法，切成6～8等分。
5 將糖漬水蜜桃和1～2大匙的浸漬醬汁一起放進聖代玻璃杯中，上面舀1球玫瑰和覆盆子的冰淇淋放進去（*b*），稍微往內壓一下，再擺放1球香草冰淇淋。
6 將新鮮的水蜜桃切成彎月形排列在玻璃杯邊緣（*c*），觀察擺放的平衡狀態，如果要打造出高度，可以再放上1球香草冰淇淋。
7 將鮮奶油擠在水蜜桃和冰淇淋交界的位置（*d*），最頂端再擺放可食用的玫瑰花瓣裝飾。

玫瑰和覆盆子的冰淇淋

材料（4～5人份）

玫瑰風味的冰淇淋

蛋黃 …… 2個
細砂糖 …… 70g
乾燥的玫瑰花瓣 …… 3大匙
牛奶 …… 300ml
鮮奶油 …… 100ml
玫瑰水 …… 1～2大匙

覆盆子的果醬

A
- 覆盆子 …… 150g
- 細砂糖 …… 70g
- 檸檬果汁 …… 1小匙

覆盆子利口酒 …… 1大匙

a

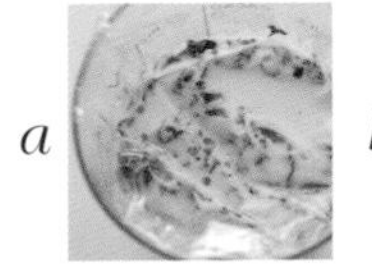

b

作法

製作玫瑰風味的冰淇淋

預先準備：將乾燥的玫瑰花瓣浸在牛奶裡放進冰箱靜置一晚讓香味移轉（*a*）。

1 將蛋黃和細砂糖放入攪拌盆內，用打蛋器充分攪拌到變白為止。再將玫瑰香味移轉的牛奶和鮮奶油放入鍋子內，開火加熱到將近沸騰為止。
2 將*1*的牛奶過濾之後，讓牛奶剛起鍋的熱度散去，再加入玫瑰水。
3 接著和P.61作法中的步驟*3*～步驟*6*相同。

製作覆盆子的果醬

4 將**A**放入鍋子內，搗碎覆盆子的果實後，暫時放在室溫下，讓細砂糖和果汁充分入味。
5 開始冒出水分後就開火煮一下，沸騰後先迅速去除浮渣，再用中火燉煮1～2分鐘。
6 從火上移開，加入覆盆子利口酒混合攪拌。如果會介意覆盆子的籽，可以在這時趁熱過濾。
7 剛起鍋的熱度散去後，再放進冰箱充分冷卻備用（*b*）。
8 將完成的冰淇淋*3*移到容器內時，用湯匙把覆盆子果醬滴落在各處，最後再用橡皮刮刀大略攪拌一下。接著，充分混合之後再放進冷凍庫讓它完全冷卻凝固。

香蕉巧克力聖代

a

b

c

d

e

f

材料（1人份）

巧克力冰淇淋
（參照如下）…… 2～3球
水果聖代用的香草冰淇淋
（參照如下）…… 1球
個人喜好的燕麥等 …… 1～2大匙
香蕉 …… 1根
巧克力醬 …… 適量
生奶油
（參照P.59「水蜜桃和玫瑰的聖代」的食譜）…… 適量
冰淇淋甜筒 …… 1個
銀色糖珠或薄荷等 …… 適量

作法

1 香蕉先留下裝飾用的部分，切成1～1.5cm的塊狀。
2 將巧克力醬倒入玻璃杯內，放入切塊的香蕉（*a*），再放入燕麥（*b*），然後放入2球巧克力冰淇淋（*c*）。接著再放入1球香草冰淇淋（*d*），以及另1球巧克力冰淇淋。
3 將縱向切塊的香蕉以及冰淇淋甜筒等均勻地擺放在上面。如果盛放時不穩，可以將竹籤插進冰淇淋裡，並將香蕉裝飾在上面，就能夠穩定住（*e*）。
4 擠上生奶油（*f*），再用巧克力醬、銀色糖珠和薄荷等裝飾。

水果聖代用的香草冰淇淋

材料（4～5人份）

蛋黃 …… 2個
細砂糖 …… 70g
牛奶 …… 300ml
鮮奶油 …… 100ml
香草豆 …… 1/2根

作法

1 將蛋黃和細砂糖放入攪拌盆內，用打蛋器充分攪拌到變白為止。
2 將牛奶、鮮奶油、從豆莢中取出的香草豆放入鍋子內，開火加熱到將近沸騰為止。
3 將2的牛奶約半量倒入1的攪拌盆內，迅速地整個混合攪拌一下，再倒回鍋內。
4 用木鏟或耐熱的橡皮刮刀不停地攪拌，並同時轉為小火，繼續加熱到整體呈現濃稠狀態（開始出現濃稠狀態時，表面的細緻白色泡沫會消失）。
5 過濾後，倒入攪拌盆內，以接觸冰水攪拌盆的方式讓材料充分冷卻。
6 放進冰淇淋機，做成冰淇淋。
7 將冰淇淋裝到乾淨的容器內，放進冷凍庫完全冷凍。

巧克力冰淇淋

材料（4～5人份）

蛋黃 …… 2個
細砂糖 …… 40g
牛奶 …… 300ml
鮮奶油 …… 100ml
甜巧克力 …… 70g
※不使用香草豆。

作法

1 參照「水果聖代用的香草冰淇淋」中作法1～4的步驟來製作基底後，加入切碎的巧克力，以預熱的方式溶化並混合巧克力，再用過濾器過濾。
2 然後以「水果聖代用的香草冰淇淋」中作法5～7的步驟，製作巧克力冰淇淋。

Comment

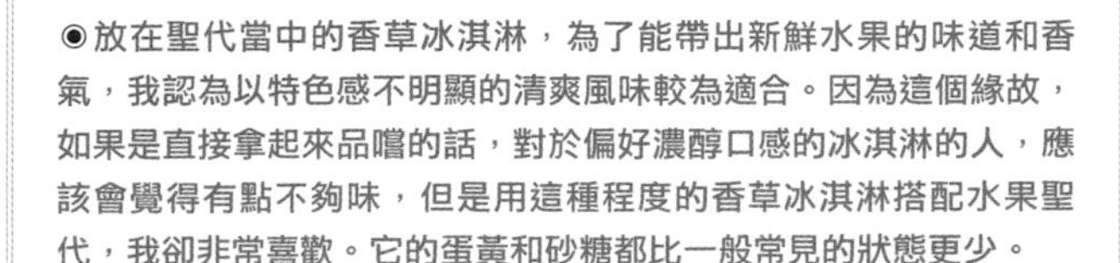

◉放在聖代當中的香草冰淇淋，為了能帶出新鮮水果的味道和香氣，我認為以特色感不明顯的清爽風味較為適合。因為這個緣故，如果是直接拿起來品嚐的話，對於偏好濃醇口感的冰淇淋的人，應該會覺得有點不夠味，但是用這種程度的香草冰淇淋搭配水果聖代，我卻非常喜歡。它的蛋黃和砂糖都比一般常見的狀態更少。

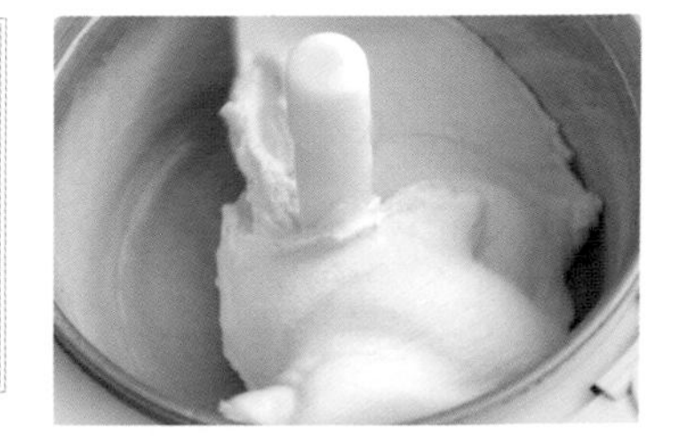

3種水果冰凍果子露聖代佐優格奶霜

材料（1人份）

鳳梨冰凍果子露 …… 1球
芒果冰凍果子露 …… 1球
哈密瓜薄荷冰凍果子露 …… 1球
鳳梨、芒果、哈密瓜 …… 各適量

去除水分的優格乳霜（容易製作的份量）

優格 …… 400g
蜂蜜 …… 15g

作法

製作去除水分的優格乳霜。

1. 將濾篩盤疊放在攪拌盆裡面並在濾篩盤上鋪好紙巾，放入優格400g抹平。包上保鮮膜後放進冰箱冷藏3小時～一晚以去除水分（優格靜置一晚後，大約只剩原本一半的重量）。
2. 將去除水分的優格放入攪拌盆內，加入蜂蜜混合。

完成

3. 各水果先預留裝飾用的份量，切成1.5～2cm的塊狀混合備用。
4. 將切塊水果盛放到玻璃杯的底部後，舀出各水果的冰凍果子露各1球放在上面，再切開裝飾用的各種水果擺放在最頂部。將去除水分的優格裝入擠花袋內，進行裝飾。

我與水果甜點屋的小故事

曾經在水果甜點屋打工！

不是我要自吹自擂，但我高中的時候，曾經在涉谷的「涉谷西村水果甜點屋（渋谷西村フルーツパーラー）」打工過喔！

呵呵呵～果真是非常適合本書的採訪人物吧！

聖代啊，是不會交給新人端出去的。因為要是倒了，會很危險。我在打工期間，也是先從端1個聖代開始慢慢練習。等到習慣之後，才逐漸可以在一個托盤同時擺放4～5個聖代，而且能快步走地端給顧客。很厲害對吧。不過，我現在絕對沒辦法這樣端了。

其他印象較深刻的水果甜點屋，應該是「千疋屋（せんびきや）」和「資生堂休閒餐廳Shiseido Parlour（資生堂パーラー）」。

這些地方是我孩提時期母親和祖母帶我去過的甜點屋。所以這些店，在我心中有著舉足輕重的特殊地位。我母親平常因為工作而不常在家，但即使如此，依然認為「要給孩子吃正常又健康的食物」，所以點心或垃圾食物都是禁止我吃的。

然而，取而代之的是休假日能一起外出，並且帶我去使用真實食材進行烹調的甜點屋。

漆皮靴搭配蕾絲反摺的襪子。能稍微打扮且外出用餐，令我非常開心。沒錯，水果甜點屋給我的印象，是一種略

哈密瓜冰凍果子露

材料（4～5人份）

哈密瓜（淨重）…… 250g
檸檬汁 …… 2大匙
A 水 …… 100ml
細砂糖 …… 40g
糖漿 …… 25g
薄荷葉 …… 2g

作法

1 哈密瓜，先將內籽和纖維部分放入濾篩內，濾出內籽和纖維部分周圍的果汁（這裡萃取出的果汁也計算在哈密瓜的淨重當中）。然後連同削皮後的果肉一起放入榨汁機內攪拌，再與檸檬汁混合。
2 將**A**放入小鍋內開火加熱。沸騰後從火上移開，讓剛起鍋的熱度散去。放進 1 中過濾（這時取出薄荷）。
3 將 2 以接觸冰水攪拌盆的方式充分冷卻材料。
4 放進冰淇淋機，做成冰凍果子露。
5 裝到乾淨的容器內，放進冷凍庫完全冷卻凝固。

※不必讓薄荷的風味過度明顯。薄荷是為了消除哈密瓜的生澀味才放入的。

芒果冰凍果子露

材料（4～5人份）

芒果（淨重）…… 250g
檸檬汁 …… 2大匙
A 水 …… 100ml
細砂糖 …… 40g
糖漿 …… 25g

作法

1 芒果縱向切成3等分，再削皮去籽。內籽周圍帶有纖維筋的果肉，可用手握住用力捏，搾出纖維筋以外的果肉和果汁。
2 將 1 的果肉和果汁放入果汁機或食物加工機內攪拌成泥狀，再與檸檬汁混合。
3 將**A**放入小鍋內開火加熱。沸騰後從火上移開，讓剛起鍋的熱度散去。
4 將 2 和 3 混合後，以接觸冰水攪拌盆的方式讓材料充分冷卻。
5 放進冰淇淋機，做成冰凍果子露。
6 裝到乾淨的容器內，放進冷凍庫完全冷卻凝固。

a
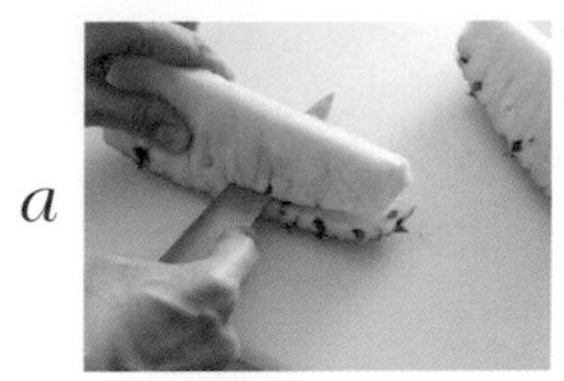
b
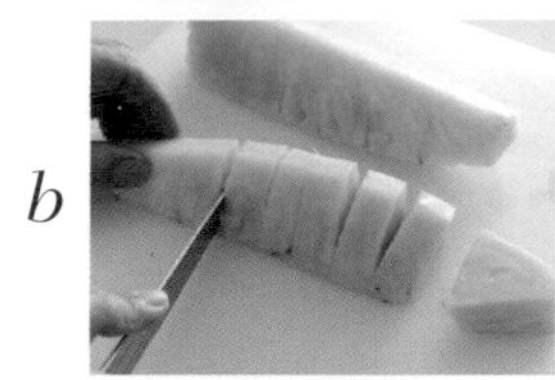
c

d

e

f
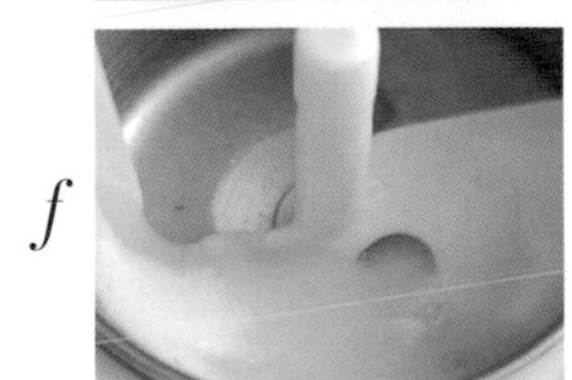

鳳梨冰凍果子露

材料（4～5人份）

鳳梨（淨重）…… 250g
萊姆汁 …… 2大匙
A 水 …… 100ml
細砂糖 …… 40g
糖漿 …… 35g

作法

1 鳳梨削皮去芯（*a*），切成適當的大小（*b*）。連著表皮的鳳梨眼也要刮乾淨（*c*）。用榨汁機或食品加工機等攪拌成泥狀，與萊姆汁混合備用（*d*）。
2 將**A**放入小鍋內開火加熱。沸騰後從火上移開，讓剛起鍋的熱度散去。
3 將 1 和 2 混合後，以接觸冰水攪拌盆的方式讓材料充分冷卻（*e*）。
4 放進冰淇淋機，做成冰凍果子露（*f*）。
5 裝到乾淨的容器內，放進冷凍庫完全冷卻凝固。

拘謹又時尚，而且是必須裝扮合宜的場所。

因此我這次提供的水果三明治和水蜜桃聖代，都試圖放入了這樣的想法。

久美子小姐的自製冰淇淋和冰凍果子露，是獨家美味！

這次介紹的水果甜點屋餐點，有一項共同的堅持，是能夠品嚐到自製的冰淇淋和冰凍果子露。當然，用購買的冰淇淋現成品製作也很不錯，但難得自己動手，如果能嘗試看看，就能夠吃到美味好幾倍的聖代。

剛調製完成以及剛做好的冰淇淋和冰凍果子露，實在是非常好吃！非常希望各位都能體驗這種美味。

Profile
柳瀨久美子（Yanase Kumiko）

在都內的點心店及餐廳服務的6年當中，曾前往法國學習料理4年，並取得了法國巴黎麗池廚藝學校文憑（Ritz Escoffier Diploma）。另外，也學習法國的家庭甜點和家庭料理。返日後，廣泛活躍於雜誌、廣告、書籍等。也開設了少人數制的料理教室。著有『ジェラート、アイスクリーム、シャーベット——ライト＆リッチな45レシピ』（主婦の友社）、『ストウブで冷たいお菓子』（講談社）等多本著作。

福田淳子小姐

歷經多年研究發現的結果
黃金水果三明治有規則！

馬斯卡邦奶霜的水果三明治

～草莓、奇異果、香蕉、鳳梨＋當季水果～

a

b

c

d

e

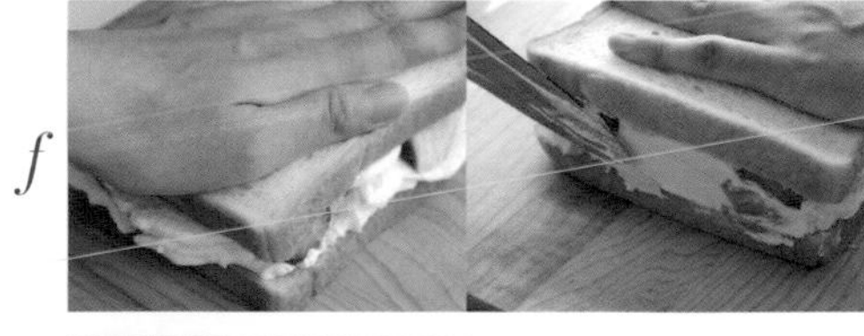

f

g

h

i

材料（2人份）

吐司（8切片）…… 4片
鮮奶油 …… 120ml
煉乳 …… 30g
馬斯卡邦乳酪
（Mascarpone cream）…… 100g
草莓、奇異果、香蕉、鳳梨、
無花果 …… 各適量

●可以個人喜好放入季節水果或個人喜好的水果。

作法

1. 將鮮奶油和煉乳放入攪拌盆內，讓攪拌盆底部確實接觸冰水並打發成泡。
   ※以打到9分發泡為標準。注意不要打到太稀而使奶霜分離（*a*）。
2. 將馬斯卡邦乳酪放入另一個攪拌盆內，混合攪拌至滑順狀態後加入 *1*，用橡皮刮刀混合均勻。
3. 將 *2* 在攪拌盆中劃分成4等分備用（*b*）。
   ※如此一來，之後的步驟會比較容易執行。
4. 將水果切成適當的大小。不過，之後才會切開吐司，所以不要把水果切得太小。水分較多的水果可先放在廚房紙巾上，輕輕擦拭掉水分。
5. 將 *3* 的奶霜的1/4量均勻塗抹在吐司上（*c*），再將水果排放上去（*d*）。
   ※請在思考過切開時的狀態後再排列比較合適。
6. 水果上方再擺放奶霜的1/4的量，並讓奶霜延展（*e*）。然後再拿另一片吐司蓋上去，從上方按住整個吐司，並將邊緣擠壓出來的奶霜往內部塗抹回去（*f*）。以同樣的方式再做1組。
7. 用保鮮膜包裹起來，靜置約1小時（*g*）。
8. 拆開保鮮膜，用熱水溫熱過的刀子先將吐司邊切掉（*h*），再用手按住吐司，切成十字狀（*i*）。切開時，不要以壓住往下切的方式切，採用往後拉的方式切，可以切得很漂亮。

Comment

**這就是堅持講究的部分！
黃金的水果三明治規則。**

◉鮮奶油選用動物性的產品，建議使用乳脂肪含量約40％的產品。脂肪含量太低會無法打出稍硬的奶霜，請特別注意。

◉用煉乳賦予奶霜甜味。奶香風味最適合搭配水果。

◉只有鮮奶油也非常好吃，但加入馬斯卡邦乳酪，更能增加圓潤感、清爽度、以及濃郁滋味。

◉可選用個人喜好的水果，但考慮到配色和味道組合（甜度、酸味、濃醇感）後，建議使用草莓、奇異果、香蕉、鳳梨這4種，再搭配1種當季水果。

◉水果三明治必須靜置在冰箱內1～3小時後再切開。如此一來，奶霜和水果的水分會充分滲入吐司內，讓吐司變得水潤又美味，也會比較容易切開。不過，如果擺放在冰箱內的時間過長，吐司會變硬，請特別注意。

◉只要是切開三明治，最好都是使用波浪麵包刀（切麵包專用的刀具）。溫熱刀具後，會比較容易切，橫截面也會比較好看。

水果咖哩
～放入大量的香蕉、蘋果、芒果～

材料（4人份）

奶油（有鹽）⋯⋯ 40g

A
- 洋蔥 ⋯⋯ 3個
- 芹菜 ⋯⋯ 1根
- 胡蘿蔔 ⋯⋯ 1根
- 香蕉 ⋯⋯ 1根
- 蘋果 ⋯⋯ 1/2個
- 芒果 ⋯⋯ 1/2個

豬肩胛里肌肉 ⋯⋯ 500g

B
- 孜然芹、肉桂、豆蔻、肉豆蔻 ⋯⋯ 各1/4小匙
- 咖哩粉 ⋯⋯ 1小匙

植物油 ⋯⋯ 1小匙

水 ⋯⋯ 500ml

咖哩醬 ⋯⋯ 170g

※本食譜使用「Cosmo直火燒咖哩醬（コスモ直火カレールー）」中辣口味。

C
- 去除水分的優格 ⋯⋯ 3大匙
- 蜂蜜 ⋯⋯ 1/2大匙
- 醬油 ⋯⋯ 1/2小匙

〈番紅花飯〉

米 ⋯⋯ 450g（3合）

番紅花 ⋯⋯ 1小撮

熱水 ⋯⋯ 100ml

鹽 ⋯⋯ 1/4小匙

杏仁薄片 ⋯⋯ 少許

（依個人喜好）泡菜等 ⋯⋯ 適量

番紅花

為了增添香氣和顏色所使用的辛香料。只要浸泡到熱水裡，成分就會溶解散出，水會呈現出黃色。如果和米一起炊煮，能煮出鮮豔黃色的番紅花飯。

作法

1. 將**A**全部削皮，切成粗的碎末（芹菜去掉粗纖維，葉片的部分也切碎加進來）。
2. 將鍋子放在瓦斯爐上開火，放入奶油融解，加入*1*，轉成小火仔細拌炒。待鍋底的水分全部消失，整體均勻融合即OK（*a*）。
3. 豬肉切成一口大小，將**B**撒在上面備用（*b*）。平底鍋加熱，熱度充足後倒入油，用大火拌炒表面。
4. 將*3*和水加進*2*裡，開大火燉煮至沸騰後轉小火。舀去浮渣，繼續燉煮30分鐘～1小時，直到肉煮軟為止。蓋上鍋蓋（*c*）。
5. 從鍋內暫時取出肉，再用手握式電動攪拌器攪拌肉以外的湯汁、蔬菜、水果（食物調理機或果汁機等器材也都OK）成滑順狀態（*d*）。
   ※如果沒有這些器材，也可以將食材放入研磨缽搗碎。
6. 將*5*和肉放回鍋內，加入咖哩醬混合攪拌，燉煮約5分鐘。加入**C**再燉煮約5分鐘。
7. 靜置一晚（炎熱時期或梅雨時期，請放置在冰箱）。
8. 配合食用咖哩的時機煮飯。洗米後，將米放在濾篩盆上約30分鐘備用。再把番紅花放進熱水裡，讓它散發出香氣和顏色（*e*）。設定飯鍋，放入番紅花和熱水，稍微減少一點水、加一點鹽，按下煮飯開關煮飯。飯煮好後盛在盤子上，上面擺放乾煎過的杏仁薄片，並在一旁淋上咖哩醬，就完成了。

a

b

c

d

e

Comment

◉一吃水果咖哩，就想起吉本芭娜娜（Yoshimoto Banana）的小說《哀傷的預感》中出現的水果咖哩。

◉辛辣感當中仍品嚐得到水果香氣和芳醇甜味。各式各樣的美味融入在滑順的咖哩醬中。搭配番紅花飯，請務必一試！

◉水果請最少放入2種。香蕉建議使用徹底成熟的產品。芒果則能依個人喜好，選擇已經成熟的（增加甜味）或尚未成熟的（增加酸味）任一種。

◉辛香料方面，如果能夠取得，只要加入4種就能帶出深層的味道。

◉剛煮好的咖哩，水果的香氣和甜味會比較強烈。辛香料也會依各種香氣而產生不同風味。因此，靜置一晚能調和這些味道，讓水果咖哩整體呈現出均衡的風味。這務必得在品嚐的前一天調製完成。

來一杯水果甜點屋的
特調鮮果汁吧！

水果甜點屋店內，有供應只有水果甜點屋才看得到的「由水果為主角的鮮果汁」。
這種鮮果汁帶有某種古早味的香氣，味道和外觀也都充滿魅力。
要不要也在家裡試試看呢？

經典冰沙

材料（2人份）

香蕉（冷凍）…… 1根（約100g）
草莓（冷凍）…… 1/3包（約100g）
※香蕉和草莓皆事先冷凍備用。
柳橙汁（純汁）…… 100ml

作法

1 將全部的材料放進果汁機等攪拌。注入到玻璃杯內就完成了。

綜合鮮果汁

材料（2人份）

香蕉 …… 1/2根
鳳梨、水蜜桃、柑橘（罐裝）…… 共100g
※也可以使用綜合水果罐頭。
糖漿（罐裝）…… 100ml
牛奶 …… 250ml

作法

1 將全部的材料放進果汁機等攪拌。將冰塊放進玻璃杯內，再安靜地注入果汁就完成了。

檸檬果汁汽水

材料（2人份）

檸檬汁 …… 1個的量（約150ml）
蜂蜜 …… 50ml
碳酸水 … 300ml
（如果有的話）櫻桃（罐裝）…… 2個
切片檸檬 …… 2片

作法

1 將檸檬汁和蜂蜜放進容器內，充分混合攪拌後靜置一晚。
2 將冰塊放進玻璃杯內，再注入 1 做好的糖漿1大匙和碳酸水150ml。擺上櫻桃和切片檸檬。充分混合攪拌後即可飲用。

● 想要感受傳統的水果甜點屋氣氛時，這裡擺放的櫻桃請務必使用罐頭櫻桃。

草莓牛奶

材料（2人份）

草莓 …… 1/2包（約150g）
砂糖 …… 草莓的一半的量（約75g）
牛奶 …… 個人喜好的份量

作法

1 將拿掉蒂頭的草莓放進小鍋內，並在各處撒一些砂糖。
2 當草莓出現果汁後，用中火燉煮2～3分鐘，然後放涼。
3 將冰塊和 2 放進玻璃杯內，再從上方安靜地注入牛奶（份量依個人喜好）。充分混合攪拌後即可飲用。

葡萄柚番茄

材料（2人份）

葡萄柚 …… 1個
※紅寶石葡萄柚或白葡萄柚皆可。
番茄（小的）…… 1個（約100g）
（依個人喜好）蜂蜜 …… 1小匙

作法

1 葡萄柚剝掉果實周圍的薄皮。番茄則用熱水燙過再剝掉外皮。
2 如果偏好甜一點，可在 *1* 當中加入蜂蜜，再用果汁機等攪拌。注入到玻璃杯內。

無酒精鳳梨可樂達

材料（2人份）

鳳梨 …… 250g（不使用纖維筋太粗的部位）
椰奶 …… 150g
口香糖糖漿 …… 1～2小匙（依個人喜好增減）
香草冰淇淋 …… 適量
鳳梨、薄荷 …… 各適量

作法

1 將鳳梨切成適當的大小。
2 將 *1* 和椰奶、口香糖糖漿一起用果汁機等攪拌。將冰塊放進玻璃杯內，再從上方安靜地注入攪拌好的果汁，上面再擺放香草冰淇淋。最後，將切成一口大小的鳳梨和薄荷裝飾在旁邊就完成了。

鮮果茶

材料（2人份）

蘋果 …… 1/4個
鳳梨 …… 50g
奇異果 …… 1/2個
切片柳橙（約1mm厚）…… 2片
熱水 …… 700ml
（依個人喜好）切片檸檬 …… 2片
個人喜好的紅茶茶包 …… 2個
※選用沒有特殊味道的紅茶較佳。

作法

1 將各水果切成1～2mm厚的薄片，再切成1/4圓的扇狀。切成圓片的柳橙也一樣切成1/4圓的扇狀。
2 在茶壺中放入 *1* 和紅茶包，從上方快速地注入熱水。用熱水悶約3分鐘後，在茶杯內放入少許茶壺中的水果，再注入茶飲，就完成了。

西瓜鮮果汁

材料（2人份）

西瓜 …… 1/8個（約450g）

作法

1 將菜刀往西瓜皮和果肉之間切入，讓果肉和皮分離。
2 將西瓜的果肉切成適當的大小，再用菜刀的尖端去除內籽，切成一口的大小。
3 用漂白布包裹 *2*，再用手用力捏，搾出汁液。注入到玻璃杯就完成了。

a

b
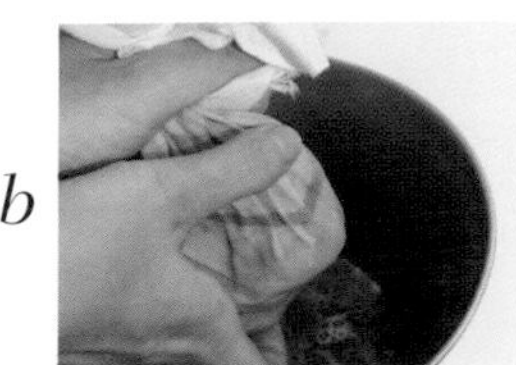

水果潘趣酒

材料（容易製作的份量）

草莓、蘋果、香蕉、哈密瓜、鳳梨、
藍莓、柳橙、美國櫻桃 …… 各適量
甜碳酸水 …… 適量
切片檸檬 …… 4片

作法

1. 草莓拿掉蒂頭對切成半，香蕉切成一口的大小，柳橙也把果肉從薄皮中取出再切成一口的大小，蘋果和鳳梨切成5mm厚的1/4圓的扇狀。
2. 哈密瓜用水果挖勺舀成圓球狀（*a*）。如果沒有水果挖勺，也可以用小茶匙挖（*b*）。
3. 將 *1* 和 *2* 放進容器內，再加入美國櫻桃和藍莓，注入甜碳酸水。最後放上切片檸檬，就完成了。

a

b

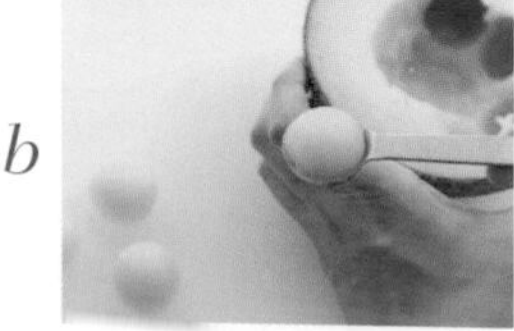

◉利用新鮮水果和罐裝水果混合調製也非常美味。想要口感更清爽時，也可以放入少許檸檬汁，會非常好吃。

我與水果甜點屋的小故事

徹底研究
水果三明治的每一天

大約在4年前，我突然做了一個水果三明治夾心，從此便開始了我每天研究食譜的日子。

引起我展開研究的契機，是在「千疋屋總店（せんびきやそうほんてん）」吃到的水果三明治。一想到只是吐司＋鮮奶油＋水果的簡單組合，怎麼可能會有什麼驚豔的美味，就完全挑不起食慾。

然而，同行的人卻大力推薦「這裡的水果三明治非常好吃喔！」，我才抱著嘗試的心情吃吃看，沒想到不僅外型好看，口感也美味極了，是非常高級的餐點！我不禁說出「怎麼會這麼好吃啊！」而充滿感動。

從那天起，我便開始試著調整鮮奶油的甜度、或是加一些酸奶油，又或是只用馬斯卡邦乳酪製作。

此外，我也開始從水果的甜度、酸味、美觀等角度，嘗試各種水果組合。而吐司方面，一開始我也是只用三明治吐司，後來才發現8片切的吐司更能夠確實夾住大量的水果和鮮奶油，而成為我個人偏愛的食材。

我將這些研究結果，以及我認為最美味的調理食譜，通通介紹給大家（P.64）。請一定要試著做做看喔！

我喜歡的水果甜點屋，
是散發著
古老年代氛圍的店……。

首先，是讓我知道水果三明治美味的「千疋屋總店」。這裡還有另一個我個人超愛的甜點——「美式水果蛋糕」。在類似長崎蜂蜜蛋糕的那種蛋糕上，添加了生奶油和草莓醬，而且還因為某些原因而浸泡在牛奶裡。這美好滋味實在很難用言語形容，請務必親自來吃吃看。是一種會讓人上癮的難忘美味呢（詳情請見P.9）。

我還有另一間喜歡的店是「福永水果甜點屋（フクナガフルーツパーラー）」（P.14）。品嚐過這裡的綜合水果聖代，就會知道「嗯～綜合水果聖代真是個美味的食物呢！」。另外，約在涉谷談事情時，指定約在「涉谷西村水果甜點屋（渋谷西村フルーツパーラー）」的頻率也非常高喔。

我想，我特別鍾愛的是這種散發著傳統古早氣息的水果甜點屋吧！

特別加映！

懷舊復刻版水果三明治

用罐頭水果就能輕鬆做出
充滿懷舊風味的「水果三明治」！

材料（1人份）

吐司（8切片）⋯⋯ 2片
鮮奶油 ⋯⋯ 200ml
砂糖 ⋯⋯ 2大匙
香蕉、水蜜桃、柑橘等
罐裝水果 ⋯⋯ 適量

作法

將鮮奶油和砂糖放入攪拌盆內打至8分發泡。在吐司上塗抹生奶油，將水果切成容易食用的大小並擺放在吐司上，然後再塗抹一層生奶油，接著拿另一片吐司蓋上去。最後，將夾好餡料的吐司切成容易食用的大小就完成了。

水果AtoZ

知道了會超方便的
水果小知識！

◉水果好吃的秘訣是讓它適才適所！完全成熟的水果，適合用在咖哩或果醬等加工的產品。三明治或蛋糕等夾心餡料，使用不要過熟的水果比較合適。

◉莓果類如果用水清洗會變得水水的、不好吃，可以使用軟刷毛的毛刷，把表面的灰塵清乾淨再使用。

◉夏季水果，例如西瓜、哈密瓜、水蜜桃、芒果等，如果過度冰涼，會不容易充分感覺到水果本身的甜味和香氣，要注意不要過冰！

◉不要盲目地追求水果成熟。水果的魅力是它本身的甜味和酸味。過熟即使能使甜度增強，卻會讓酸味消失。

Profile
福田淳子（Fukuda Junko）

料理研究家。廣泛活躍於雜誌、廣告、書籍等。著手處理企業的食譜開發、商店的籌備規劃、繪本的食譜監修等。擅長將一個主題徹底深入鑽研、執行。「只要照著食譜做，就能確實做出美味的餐點！」食譜的容易執行性也深受大眾歡迎。
著有『わたしのとっておき朝ごはん』（共著、家の光協会）、『ちびスイーツ』（エイ出版）、『ひとりぶん料理の教科書』（マイナビ）等超過30本以上的作品。

『Small Good Things』http://sakuracoeur.petit.cc/banana

若山曜子小姐

葡萄乾吐司搭配水蜜桃和覆盆子夾心

蜜桃冰淇淋三明治

～水蜜桃和覆盆子的果泥～

a

b

c

d

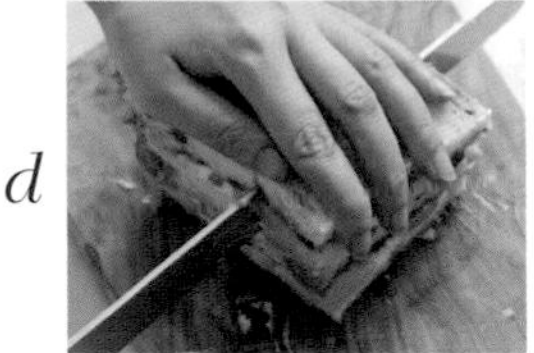

材料（2人份）

水蜜桃 …… 2個
砂糖 …… 100g
水 …… 200ml
檸檬汁 …… 1/2個的量
鮮奶油 …… 200ml
砂糖 …… 1又1/2大匙
蜂蜜 …… 1大匙
※這次使用覆盆子的蜂蜜。
葡萄乾吐司（10切片）…… 6片
覆盆子果泥（參照如下）…… 50g

親手調製覆盆子果泥時

將冷凍覆盆子50g、砂糖1大匙、少許檸檬汁混合後攪拌。不需使用保鮮膜包裹，直接放進微波爐加熱約2分鐘。微熱冒泡後，再快速攪拌一次。

作法

1. 在水蜜桃的尾部劃上十字形切紋，放入溫水中剝除外皮。外皮不要丟掉。
2. 將砂糖、水、水蜜桃的外皮、檸檬汁放進小鍋內燉煮。待粉紅色外皮燉煮出煮汁後，將切成大片的彎月形水蜜桃加進去，再稍微煮一下。關火，直接放著冷卻。冷卻後，移放到容器內備用（*a*）。
3. 將砂糖加進鮮奶油內打至9分發泡。加入蜂蜜混合攪拌。
4. 拿出3片葡萄乾吐司，在單面上塗抹覆盆子果泥（*b*），剩下另外3片的單面則塗抹*3*的奶油。
5. 將切成2mm厚的水蜜桃排列在塗抹了奶油的吐司上。縫隙也用鮮奶油填滿，再用塗抹了覆盆子果泥的吐司蓋上去。
6. 用保鮮膜包裹好，再用濕濡的布等從外面再包裹一層。接著用盤子等施加一些重量後放進冰箱內冷藏約1小時。
7. 品嚐前才切掉吐司邊（*c*），並切成容易食用的大小（*d*）。

◉利用水果當中最鍾愛的水蜜桃製作水果三明治。水蜜桃和覆盆子果泥非常搭配喔！

◉因為使用了葡萄乾吐司，讓做出的成品與其説是點心，更像是符合甜點形象的水果三明治。

◉這次雖然使用的是白桃，但也可以使用黃桃或是罐頭水蜜桃。無論選用哪一種，都最好挑選口感偏硬的，會比較好吃。

◉這次使用的覆盆子果泥是「La Fruitiēre Japon（http://www.lfj.co.jp）」的產品。不僅可以冷凍保存，其濃郁的口感也令我相當喜愛。

麝香葡萄佐香檳果凍

材料（2人份）

〈香檳果凍〉

香檳 …… 60ml
水 …… 60ml
砂糖 …… 20g
片狀凝膠（吉利丁）…… 2片（約120ml的量）

〈糖漬麝香葡萄〉

麝香葡萄 …… 15粒
砂糖 …… 1大匙
檸檬汁 …… 1大匙
茴香芹 …… 2片

作法

1 製作香檳果凍。將片狀凝膠（吉利丁）用水（份量外）泡軟（*a*）。
2 在水中放入砂糖，用微波爐加熱至完全溶解。
3 將 *1* 放進 *2* 內溶解。
4 將 *3* 接觸在冰水上，用打蛋器攪拌（*b*）。
5 出現泡沫又變得濃稠後（*c*），便倒入冰涼的香檳混合（*d*）。
6 直接放進冰箱冷藏1小時以上（*e*）。
7 製作糖漬麝香葡萄。將麝香葡萄的外皮剝除（可以的話，盡量也將內籽取出），用砂糖和檸檬汁浸漬。
8 將 *7* 的麝香葡萄盛放在玻璃杯內，再擺放 *6* 的香檳果凍（*f*），最後裝飾茴香芹。

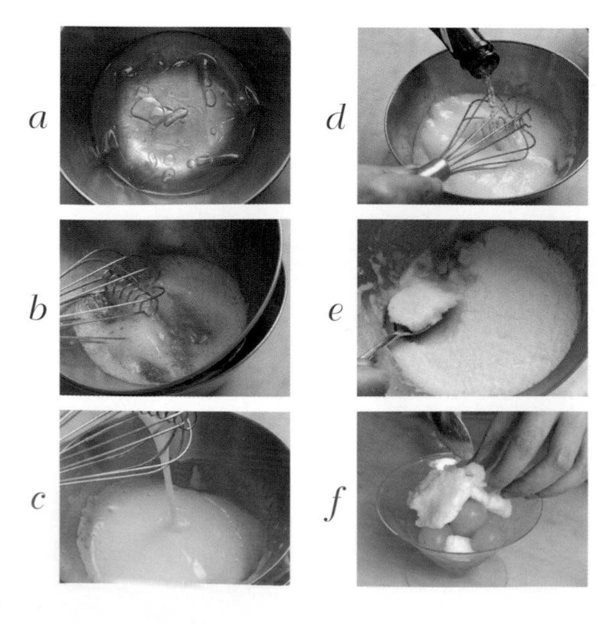

◉香檳的香氣在口中散開的同時，能品嚐到充滿滑溜彈性與奇妙口感的果凍。

◉糖漬的麝香葡萄與Q嫩果凍的簡約搭配，意外出色。是外觀和口味都令人感覺涼爽的甜點。

巨峰聖代
～佐薰衣草風味的蛋白糖霜脆餅～

材料（2人份）

巨峰葡萄 …… 8粒

〈伯爵紅茶奶油〉

鮮奶油 …… 100ml

砂糖 …… 1大匙

伯爵紅茶（茶包）…… 1包

水 …… 50ml

酸奶油 …… 50g

冰淇淋（鮮奶）…… 2球的量

黑醋栗果泥 …… 2大匙

※使用「La Fruitière Japon」的產品。
可在商店官網（http://www.lfj.co.jp）購買。

蛋白糖霜脆餅（參照如下）…… 個人喜好的個數

黑醋栗 …… 適量

作法

1 將巨峰葡萄沾熱水約10秒鐘後剝皮。如果葡萄內有籽，把內籽取出（*a*）。

2 製作伯爵紅茶風味的奶油。在鮮奶油中加入砂糖打至9分發泡。

3 打開伯爵紅茶的茶包袋，取出其中的茶葉放進小鍋內，加水熬煮後冷卻備用。

4 將3和酸奶油混合後，也加入2混合（*b*）。

5 舀出2球冰淇淋放進聖代玻璃杯中，並將黑醋栗果泥（*c*）四散般放入杯裡。

6 將4的奶油裝入擠花袋內，擠在中心位置。周圍用巨峰葡萄裝飾。

7 擺放薰衣草風味的蛋白糖霜脆餅。奶油上方可使用黑醋栗等裝飾。

Comment

◉散發紅茶香氣的鮮奶油和薰衣草風味的蛋白糖霜脆餅。無論是外觀還是口感，都是適合成熟大人、充滿浪漫情懷的聖代。

◉巨峰葡萄的濃郁口感，和香氣濃醇的伯爵紅茶奶油以及薰衣草的香氣皆非常契合。

◉每舀一勺奶油，便能咀嚼到擁有輕盈口感的蛋白糖霜脆餅。是期待能隨時品嚐得到的珍藏版的風味聖代。

a

b

c

d

e

薰衣草風味的蛋白糖霜脆餅

材料（容易製作的份量）

蛋白 …… 約30g（1個的量）

細砂糖 …… 30g

糖粉 …… 30g

薰衣草（可食用乾燥花）…… 少許糖

作法

1 蛋白打發。中途，一點一點少量地放入細砂糖，確實打發到呈現濃稠有點硬度的狀態為止。

2 將糖粉撒在1中，大略地混合攪拌。

3 將2裝進擠花袋內，擠在鋪有烘焙紙的烤盤上，從上方撒一些薰衣草，再用110℃預熱的烤箱乾燥烘烤2小時以上（*d*）。

※薰衣草風味的蛋白糖霜脆餅，若放進保存容器當中時能連同乾燥劑一起放入，將能去除容器內的濕氣，存在10天左右（*e*）。

Comment

◉放在水果甜點屋的展示窗中，某個挖空水果製作而成的……竟然是果凍！也很適合當作禮品送人喔！

Profile
若山曜子（Wakayama Yoko）

料理研究家。東京外國語大學畢業後，前往法國巴黎留學。取得法國國家資格（C.A.P）。現在廣泛活躍於雜誌、書籍等。最近不僅出版了關於甜點的書籍，也編寫了料理書。「雖然很簡單，卻能既美味、又時尚、又好看！」因此在這個領域中也增加了許多支持者。著有『作りおきできる フレンチデリ』、『溶かしバターと水で作れる魔法のパイレシピ』（兩者皆為河出書房新社出版）等多本著作。
『甘くて優しい日々のこと』（甜美又溫柔的平日小事記）
http://tavechao.tavechao.com

我與水果甜點屋的小故事

想要特地去光顧 有買綜合水果三明治的店

我目前最常去的水果甜點屋是「Fru-Full」。為的是要品嚐他們店裡的綜合水果三明治。真的是非常好吃，且外型又相當精美呢！或許也是因為造型好看，才覺得格外美味吧。因為我一直認為水果三明治是在家裡自己做也能很好吃的一種食物，所以沒有必要特別外出到店裡去吃。不過，「Fru-Full」的綜合水果三明治，卻擁有值得各位特地前往品嚐的價值。

另外一家我鍾愛的，是位於神田、目前已經歇業的「萬惣」所販售的鬆餅。那裡好像也是水果甜點屋，他們質樸又實在的口味曾是我最喜愛的。

「千疋屋總店」的美式水果蛋糕有媽媽的味道!?

我還有另一個充滿回憶的甜點。那是「千疋屋總店（せんびきやそうほんてん）」（P.9）的「美式水果蛋糕」（P.9）。

它是將類似長崎蜂蜜蛋糕的那種蛋糕浸泡在牛奶裡，我母親經常製作仿效它的類似點心給我吃。所以我有時候會有「嗯？」的感覺，或為了確認「總店原本的口味是什麼樣的呢？」而試著品嚐。

老實說，這並不是我最喜歡的甜點，卻是我會突然想吃而且是充滿回憶的蛋糕呢。

也喜歡水果王國「臺灣」當地的水果甜點屋

最近，發現經常前往的臺灣也有美味的水果甜點屋。我推薦臺北的「百果園」和臺南的「裕成水果店」。水果刨冰和聖代等，都是不錯的選擇。如果有機會的話，請一定要試試。

鮮柳橙果凍＆葡萄柚果凍

材料（柳橙果凍、葡萄柚果凍各1個的量）

柳橙 …… 2個
葡萄柚 …… 2個
片狀凝膠（吉利丁）…… 5～6片
※1片1.5g。這次使用1片為60ml的液體凝固而成的片狀凝膠。
砂糖a …… 1又1/2大匙
砂糖b …… 2大匙
※相對於果凍的容量，以15%為標準。
※柳橙150ml時，砂糖為1又1/2大匙。
※葡萄柚200ml時，砂糖為2大匙。
（依個人喜好）法國香橙干邑香甜酒Grand Marnier等的利口酒 …… 少許

作法

1 將柳橙和葡萄柚的上部位1/3切掉（*a*）。
2 挖空內部，擠出果汁並避免弄破外皮（*b*）。
3 用手指小心仔細地取出內部纖維（*c*）。
4 將水倒入3當中測量容量，擠出能倒進3當中的果汁的量。這次的柳橙為150ml，葡萄柚為200ml。
5 將相對於果汁份量的片狀凝膠（吉利丁）放進冰涼的水（份量外）中泡軟。這次的柳橙使用約2.5片，葡萄柚則使用約3.5片。
6 將砂糖a加入到一半的柳橙汁內，砂糖b加入到一半的葡萄柚汁內，再用微波爐加熱到砂糖完全溶化為止。
7 將在步驟5泡軟的片狀凝膠加入到6裡面，使片狀凝膠充分溶解。
8 讓7和剩下的各果汁混合。
9 將水果外皮做成的容器固定在烤杯等器具內，倒入8（*d*），放進冰箱冷藏1小時以上以至完全凝固為止。
※做成有把手的花籃狀時，必須讓未凝固的液態果凍不高過把手高度才行。
10 水果外皮做成花籃狀的容器時，可從上方算起約7mm處劃入切紋（*e*），將切開的外皮往上提，用蝴蝶結綁起來（*f*）。

只用最愛的無花果
做出俐落簡潔
又簡約的夾心

星谷菜菜小姐

無花果和蜂蜜奶油的三明治

材料（2片的量）

無花果 …… 2個

A
- 鮮奶油 …… 100ml
- 蜂蜜 …… 2小匙
- 白蘭地 …… 1小匙

※如果沒有白蘭地，也可以使用萊姆酒。

吐司（10切片）…… 4片

肉桂粉 …… 1/2小匙

作法

1. 無花果去皮，切成彎月形的梳子狀。
2. 將**A**放進攪拌盆內，讓底部接觸冰水打至9分發泡。打得太稀軟會滴落下來，要稍微有點硬度（*a*）。
3. 在吐司上均勻地大範圍塗抹 *2* 的鮮奶油（*b*）。如果這時過度碰觸奶油，會使奶油分離，必須迅速塗抹。
4. 在步驟 *3* 的2片吐司上像照片那樣交錯地排列無花果（必須考慮切開後的橫切面排列），再撒上肉桂粉（*c*），再用剩下的2片吐司覆蓋。用手從上方輕輕按住（*d*），讓奶油和水果之間沒有空隙。
5. 用保鮮膜將 *4* 包裹起來（*e*），放進冰箱靜置20分鐘以上。
6. 使用以熱水溫熱過的刀子（*f*）切掉吐司邊，再切成容易食用的大小（*g*）。這時，不要壓住刀子，用往後拉的方式切開較佳。每切1次都要再用廚房紙巾重新擦拭刀子為佳。

Comment

◉只用了最鍾愛的無花果製作。不是使用砂糖，而是使用蜂蜜來調出甜味，能增加濃郁風味。

◉無花果沒有酸味，僅帶有微弱依稀的味道，所以撒上充足的肉桂粉能為整體賦予鮮明口感。

◉這個三明治會讓人想搭配玫瑰紅葡萄酒、口感較輕盈的紅葡萄酒或香檳。

a

b

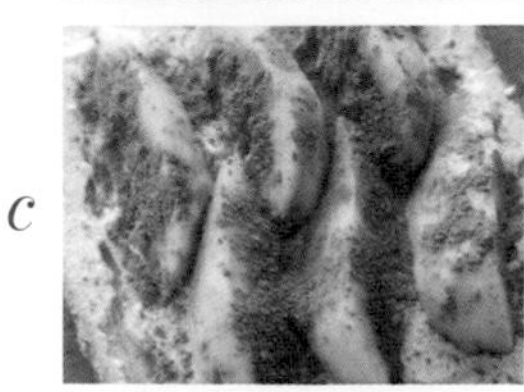

c

d

e

f

g

h

無花果鮮奶布丁拼盤

a

b

c

d

e

f

g

h

材料

（直徑約6cm的布丁模型4個的量）

〈鮮奶布丁〉

粉狀凝膠（吉利丁）…… 5g
水 …… 2大匙
牛奶 …… 350ml
砂糖 …… 30g

〈無花果醬〉

無花果 …… 2個
（去皮後淨重100g）
砂糖 …… 30g
白葡萄酒、檸檬汁 …… 各1大匙

〈裝飾用〉

無花果 …… 2個
鮮奶油 …… 100ml
茴香芹 …… 適量

作法

1 製作鮮奶布丁。將粉狀凝膠（吉利丁）撒入水中，浸泡在水中約10分鐘（*a*）。
2 在鍋子裡倒入1/3量的牛奶和砂糖，開火熬煮。煮沸後關火加入 1（*b*），靜靜攪拌讓 1 溶化。
※為免風味飛散，必須立刻關火。
3 將 2 移到攪拌盆內，加入剩下的牛奶充分混合攪拌。讓底部接觸冰水繼續攪拌，出現濃稠感後（*c*），倒入已用水濕濡的容器內（*d*），再放進冰箱冷卻2小時以上直到凝固。
4 製作無花果醬。無花果去皮後放進鍋裡，用打蛋器搗碎（*e*）。加入砂糖和白葡萄酒一起混合攪拌，並用中火熬煮。煮沸後關火倒入檸檬汁，再用濾篩過濾（*f*）。
5 裝飾用的無花果去皮後隨意切開。
6 將鮮奶油放進攪拌盆內，並讓攪拌盆底部接觸冰水打至8分發泡（*g*），再裝到已裝有星形花嘴的擠花袋內。
7 將布丁從模具中取出。周圍淋上步驟 4 的無花果醬，再裝飾步驟 6 的鮮奶油（*h*）和步驟 5 的無花果。最後淋上少許醬汁，擺放茴香芹裝飾，就完成了。

Comment

◉如果使用雞蛋色的布丁製作，會無法突顯無花果的顏色，所以這次使用鮮奶布丁製作。

◉有些人會覺得步驟3中接觸冰水攪拌的作法相當麻煩，但是接觸冰水攪拌不僅可以縮短凝固的時間，還能讓布丁取出時的外型完整、好看。

無花果的冰凍果子露

材料（約4人份）

無花果 …… 1包
（去皮後淨重300g）
白葡萄酒、檸檬汁 …… 各1大匙
煉乳 …… 2大匙
冰凍後的無花果切片（約1mm厚）
…… 4片

作法

1 無花果去皮後放進攪拌盆內，用打蛋器搗碎。加入白葡萄酒、檸檬汁、煉乳充分混合攪拌，再用保鮮膜包起來，放進冷凍庫冷卻凝固。

2 將1用食物調理機（蔬果機）搗碎、攪拌至滑順為止（沒有食物調理機時，也可以在完全冷凍凝固前，用湯匙攪拌約3次）。重新放進攪拌盆內，放入冷凍庫冷卻凝固。在玻璃容器內盛放2球的量，再加入冷凍無花果的切片，就完成了。

◉裝飾用的冷凍無花果，必須連皮一起將無花果切成圓片，再用保鮮膜包裹起來放入冷凍。裝飾時直接取出冷凍的無花果切片使用。

◉無花果的果膠很豐富，因此即使只有單純使用無花果，也能做出濃密的黏稠感。

無花果拼盤

材料（約4人份）

無花果 …… 1包

A 水 …… 200ml
白葡萄酒 …… 100ml
砂糖 …… 50g
檸檬汁 …… 1大匙

作法

1 用充足的熱水以小火汆燙無花果約20秒，再把水倒掉，迅速剝除外皮。

2 將**A**放進鍋內開火熬煮，沸騰後轉為小火，將*1*一同放入鍋內（*a*）。蓋上紙蓋，安靜熬煮約10分鐘。

3 從火上移開，冷卻後放進冰箱內充分冷卻。

※盡可能放置一晚以充分冷卻，能夠更入味、更美味。

Comment

◉我也喜歡製作無花果拼盤的時間。很安靜的，就連甜湯，都充滿了豐腴飽滿的感覺呢。

◉用水稀釋煮汁後一飲而下，也會非常美味喔。我也喜歡用紅葡萄酒稀釋煮汁的口感。

a

無花果奶昔

材料（1杯的量）

無花果（大）…… 1個
（去皮後淨重100g）
牛奶 …… 100ml
蜂蜜、檸檬汁 …… 各2小匙

作法

1. 無花果去皮後切成彎月形的梳子狀，用保鮮膜包裹起來再冷凍（*a*，可存放1個月）。
2. 將冷凍的無花果和剩餘的材料一起放進果汁機內，攪拌到滑順為止。

Comment

◉完成後，請趁冰涼狀態下立即品嚐。可能會因時間流逝而變色、出現苦味，請多留意。

我與水果甜點屋的小故事

長大後才明白的綜合水果三明治魅力

我非常喜歡水果三明治，只要光臨水果甜點屋，我一定會點這道餐點。不同的店家，口味必然不盡相同，然而在我孩提時期，卻疑惑著為什麼要在吐司中夾入奶油和水果，要是想要這樣吃，何不乾脆選擇蛋糕不就好了嗎？

當時的我是這樣認為的。吐司的鹽味和奶油的甜味，以及水果的酸味和口感的均衡度等，這是得等到成為大人之後，才能體會出的微妙組合後的豐富感呢。

感受幸福時刻的場所……

年幼時期，經常和母親一同前往百貨公司內的水果甜點屋。我還記得孩提時的我經常想著「我好幸福啊！要是這個時間能夠永遠延續下去該有多好啊。」我們點的餐點也一直是固定的，母親會點巧克力聖代，而我則是水果聖代。能夠使用那根長長的湯匙，讓我相當開心。

如果問我哪家店的聖代美味，當然是「福永水果甜點屋（フクナガフルーツパーフー）」（P.14）。那裡的水果聖代雖然看起來很小杯，但是品嚐時，直到聖代玻璃杯的最底處仍然美味無比，真的非常有說服力。櫻桃聖代（P.15）則給人相當強烈的視覺饗宴與口感驚喜！入秋後，真希望能去品嚐我最喜愛的無花果聖代。我想要征服那裡所有的聖代，所以我擁有「福永水果甜點屋」的聖代集點卡喔。

Profile

星谷菜菜（Hoshiya Nana）

料理家。現在活躍的領域以雜誌、書籍為主。不僅是料理方面受到歡迎，她甜美的生活方式也廣受喜愛。偶爾發表在雜誌上的詩或文章也頗受好評。著作中包括重現人氣漫畫中登場的料理，並述說了對漫畫的想法的『マンガレシピ』（暫譯：漫畫食譜）（講談社），最近，出版了人氣悶煮料理食譜集『お鍋ひとつでごちそうポットロースト』（暫譯：用燉鍋做出美味燉肉）（日東書院）等多本著作。

『apron room』http://www.apron-room.com

對無花果的愛戀

「實在是好喜歡好喜歡無花果，愛不釋手呢！」對無花果充滿愛戀的星谷小姐。與人氣水果水蜜桃和哈密瓜不同，無花果的外觀和口味都呈現出隱約的模糊感，沒有什麼明顯可取之處………但她卻說這就是它的優勢長處！

「每每提及無花果，都是註明它沒有花朵，但是實際上它是有花的呢！裡面的那些紅色顆粒的部分就是它的花喔。當我知道這件事時，胸口隱約有種熱情湧起，便更加喜愛上無花果了！」。

其實，星谷小姐似乎因為太喜愛無花果，而製作了個人的「以無花果為主角的料理照片繪本」。我努力說服個性害羞靦腆的星谷小姐公開這本作品給各位欣賞，於是有幸拍攝到以下這些照片。

「這是一位名為菲葛莉努（Figurinu）的無花果女孩，為各式各樣的設計改變形狀，並同時展開人生之旅的故事。」這是星谷小姐剛開始以料理家的身分創業的時候，在思索未來的自己將製作哪一種作品時，腦海中浮現的就是這個「菲葛莉努物語」。

沒錯，這次星谷小姐的水果甜點屋餐點全部都使用無花果呈現，就是將她對無花果的愛戀徹底轉化成具體成品的展現。

最後，星谷小姐提供珍藏的無花果甜點食譜作為禮物獻給大家。「先將無花果對半切開，用保鮮膜包裹冷凍，就能簡單做出無花果冰凍果子露。在盛夏時節，這是我冷凍庫中的常備食材，可以輕鬆搭配品嚐。無花果的果膠非常豐富，能出現一定程度的黏稠感，真的非常好吃喔！」。

今井洋子小姐

完全不使用雞蛋、砂糖、乳製品
以長壽食譜妝點自家的水果甜點屋

全麥吐司和豆腐奶油的水果三明治

～香蕉、無花果、覆盆子～

a

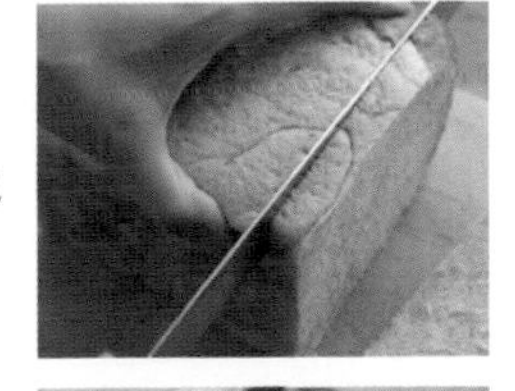

b

c

d

e

f

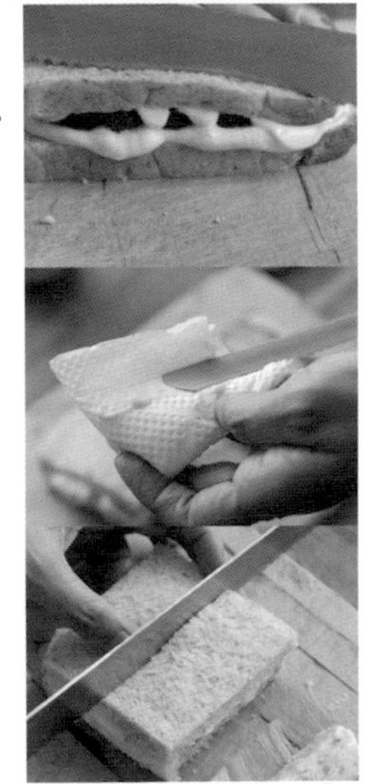

材料（2人份）

全麥吐司（1cm厚的產品）…… 4片
豆腐奶油（參照如下）…… 全量
香蕉 …… 1/2根
無花果 …… 1/2個
覆盆子 …… 8粒

作法

1. 將吐司切成1cm厚（*a*）。
2. 香蕉縱向切成3等分。無花果去皮後，切成6～8等分的彎月形。
3. 將豆腐奶油1/4的量塗抹在吐司上（*b*），再將水果以縱向排列（*c*）。然後再在上面塗抹奶油1/4的量（*d*），接著蓋上另一片吐司，用手輕輕往下按壓，讓吐司和奶油相互融合（*e*）。
4. 切掉吐司邊（*f*）。用廚房紙巾擦拭刀子（*g*），再橫向對半切開（*h*）。

豆腐奶油

作法（水果三明治2人份）

木綿豆腐（汆燙後過篩去水的產品）
…… 1/2塊（約120～130g）
※所謂的豆腐汆燙後過篩去水，是指稍微汆燙過豆腐之後，將豆腐放在濾篩上瀝水的作法。
無調整豆漿 …… 30ml
香草豆 …… 1cm
楓糖糖漿 …… 1大匙～依個人喜好調整
鹽 …… 少許

作法

1. 在香草豆的豆莢上劃上切紋，取出裡面的內容物。
2. 將無調整豆漿和 *1* 連同豆莢一起放進小鍋內，加熱到接近沸騰為止。從火上移開，放涼備用。
3. 混合汆燙後去水的豆腐、*2*、楓糖糖漿、鹽，用果汁機等器具攪拌到滑順為止。

攪拌到像照片這樣滑順，就能製作出口感更細緻的水果三明治。

Comment

◉吐司不必限定要全麥的，也可以使用白吐司等。只不過，濃醇口感的豆腐奶油非常適合搭配全麥吐司。

◉製作豆腐奶油時如果能先將香草豆加進豆漿內靜置一晚，香草的風味將會轉移到豆漿當中，能使口感更加美味。如果時間上尚有餘裕，請一定要先靜置一晚。

◉切開吐司前如果能用溫熱的水先溫熱刀子，可以使切痕更俐落美觀。

Comment

◉將適合度甚佳的香蕉和藍莓一起與玄米甜酒混合，做成美味的冰淇淋。玄米甜酒的糖度和黏度很高，只是單純和水果混合，便能成為既健康又對身體溫和的冰淇淋。請試著使用各式各樣的水果搭配看看。

用玄米甜酒製作冰淇淋

香蕉　　　　藍莓

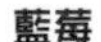

a

b

製作碎麵包屑

c

e

d

f

完成

g

i

h

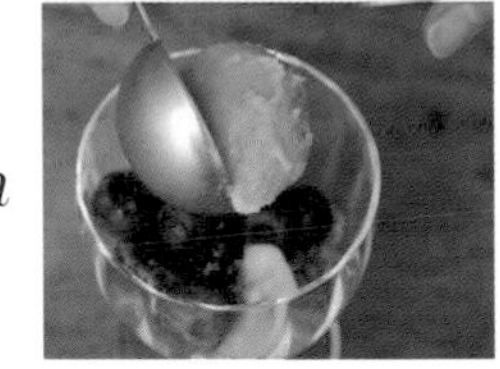

龍舌蘭糖漿

從墨西哥產的龍舌蘭中取得的甜味料。它能使血糖值上升的速度減緩，對身體的負擔較微弱，因此最近頗受到歡迎。

玄米甜酒

利用玄米和米麴製作的發酵食品。比白米製作的甜酒更濃醇圓潤。長壽料理中經常使用它作為甜味料。

玄米甜酒冰淇淋＆香蕉藍莓冰淇淋

材料（2人份）

玄米甜酒香蕉冰淇淋 …… 30ml的量、6～8球的量

A
- 玄米甜酒（濃縮版）…… 125g
- 無調味豆漿 …… 50ml
- 香蕉 …… 100g
- 楓糖糖漿 …… 1大匙
- 龍舌蘭糖漿 …… 1大匙
  ※沒有龍舌蘭糖漿時，也可以用楓糖糖漿替代。
- 鹽 …… 1小撮

玄米甜酒藍莓冰淇淋 …… 30ml的量、6～8球的量

B
- 玄米甜酒 …… 125g
- 無調味豆漿 …… 50ml
- 藍莓 …… 100g
- 楓糖糖漿 …… 1大匙
- 檸檬汁 …… 1小匙
- 鹽 …… 1小撮

碎麵包屑

C
- 全麥低筋麵粉 …… 20g
- 杏仁粉 …… 10g
- 甜菜糖 …… 10g

葡萄籽油 …… 1大匙～依個人喜好調整

香蕉 …… 1根

藍莓 …… 20～25粒

作法

1. 製作玄米甜酒香蕉冰淇淋。將**A**的材料用手動攪拌機等攪拌（*a*），移放到容器內。
2. 製作玄米甜酒藍莓冰淇淋。將**B**的材料用手動攪拌機等攪拌（*b*），移放到容器內。
3. 將*1*和*2*放進冷凍庫。中途用打蛋器或手動攪拌機一邊攪拌幾次，一邊讓材料變硬。
4. 製作碎麵包屑。將**C**放進攪拌盆內，用手混合攪拌（*c*）。倒油進去一起搓揉，做成結塊的顆粒狀（*d*）。
5. 在烤盤上鋪上烘焙紙，將*4*散布在其中（*e*）。用預熱180℃的烤箱烘烤8～10分鐘，烘烤至出現焦褐色為止（*f*）。
6. 製作完成。將各舀出1球步驟*3*的冰淇淋放進玻璃杯內，再擺上切成1cm寬的香蕉和藍莓，然後放入約1大匙份量的步驟*5*的碎麵包屑。將這個動作重覆2次（*g*～*i*）。

日本水梨風味寒天果凍
佐巨峰葡萄的甜點

材料（香檳玻璃杯3杯的量）

水梨（去掉外皮和芯）…… 300g
寒天粉末 …… 1小匙
A 楓糖糖漿 …… 1大匙
水 …… 1大匙
檸檬汁 …… 1又1/2大匙
大茴香 …… 1個
肉桂棒 …… 1/4根
巨峰葡萄 …… 12粒
奇異果 …… 1/2個
切成細絲的檸檬皮 …… 1/4個的量

a
b
c
d
e
f
g
h
i
j

作法

1 將水梨研磨成泥狀（*a*）。放進鍋子裡，將寒天粉末撒在裡面（*b*），然後開火。沸騰後（*c*）轉為小火，邊攪拌邊再加熱2～3分鐘。
2 等到剛起鍋的熱度散去後，移放到香檳杯容器內冷卻凝固（*d*）。
3 將**A**放進小鍋內開火煮至沸騰（*e*），待沸騰的熱度散去後，放進攪拌盆內冷卻。
4 將奇異果頭部的部分挖掉（*f*），然後去皮（*g*）。接著切成1cm寬，再切成4～6等分的扇狀（*h*）。
5 巨峰葡萄去皮。
6 將4和5以及切成細絲的檸檬皮一起加進3的攪拌盆內混合（*i*）。
7 將6放在2的上方（*j*），就完成了。

Comment

◉以手工的方式將日本水梨磨成泥狀，讓水梨泥稍微呈現帶渣的口感，是製作時的重點。和淋在上方的醬汁充分融合，能讓風味更出色。

◉奇異果的頭部和底部不容易分辨，有類似花萼模樣部位（如照片左側的奇異果）的是頭部，像小肚臍的是尾部。

◉在奇異果頭部位置劃上切紋，並沿著花萼方向轉繞一挖，就能輕鬆取出中間棘刺般的部分（參照照片f）。

Comment

◉哈密瓜內籽和纖維的部位最甜，所以這個部位的果汁也必須毫不浪費，全部都要使用到，是製作時的一大重點（參照照片c、d）。

◉如果只有哈蜜瓜，容易出現明顯的瓜類生澀味，致使味道呈現出略為模糊的狀態，所以加入薄荷，可讓口感更顯明、更細緻。隨著外觀，味道也更有涼爽感。

玄米甜酒和哈密瓜薄荷的刨冰

材料（約2～3人份）

玄米甜酒（濃縮版、P.91）…… 6大匙
水 …… 4大匙
龍舌蘭糖漿 …… 1～2大匙
※沒有龍舌蘭糖漿時，也可以用楓糖糖漿替代。
哈密瓜 …… 1/4個
薄荷 …… 4～5片

作法

1 薄荷汆燙5～6秒（*a*）後，取出切碎（*b*）。
2 將玄米甜酒、水、龍舌蘭糖漿均勻混合。
3 將濾篩網疊放在攪拌盆上，把哈密瓜的內籽和纖維倒在濾篩網上方（*c*）。在濾篩網上方按壓纖維處，讓果汁濾出滴入攪拌盆內（*d*）。
4 用刀子將哈密瓜的外皮和果肉分離（*e*），再切成1.5cm的塊狀（*f*）。
5 將哈密瓜放回攪拌盆內，再放入步驟 1 中切成碎末的薄荷一起混合（*g*）。
6 在容器內刨出碎冰，淋上 2 的甜酒糖漿（*h*）。然後再加入刨冰（*i*），擺放 5 的哈密瓜薄荷，最後再以繞圓的方式淋上甜酒糖漿，就完成了。

a b c d e f g h i j

散發出古早味香氣的刨冰機「キョロちゃん（Kyoroc-yan）」。我一直很想要而到處尋找它，後來朋友在網路拍賣上發現它，便買下來送給我當作禮物。在刨冰的過程中，キョロちゃん的眼珠子會左右張望地移動。「它現在仍依舊賣力地為我刨冰喔！」。

我與水果甜點屋的小故事

不知道那家甜點屋，現在是否仍在營業呢……？

我也有偶爾會忽然想起的店。那是我到京都旅行時，無意間發現的店。印象中，地點是在四條通的那條街上。

窗戶在略高於我的位置，窗邊還有裝飾著水果。從外頭看不見店的內部，我心想著：「這是家什麼樣的店啊……」，抱著恐懼萬分的心情進入店內，才知道原來是家只有櫃檯的鮮果汁店。在這家店前面不遠處的位置有家水果店，後來才有了這家店。這裡的100%鮮果汁實在是非常非常好喝！雖然價格有點貴……。不知道現在那家店是不是還在？

提到京都，「水果甜點屋Yaoiso（フルーツパーラーヤオイソ）」的水果三明治實在是非常美味呢！

為無法前往水果甜點屋的各位所提供的獨家食譜

我管理了一間教授如何在不使用雞蛋、砂糖、乳製品的狀態下烹調長壽料理的料理教室，因此這次也思考了以長壽料理的原則製作的水果甜點屋食譜。

某些因為體質因素或其他原因而無法大啖甜點的民眾，可能也會有「要是能在店裡品嚐華麗餐點該有多好～！」的心情。特別是小孩子，如果是和朋友一起吃聖代，通常都會因為小孩子坐不住而沒辦法去，我認為這樣非常遺憾，因此希望各位能在自己家裡享用，創造自己的「水果甜點屋」。

我不希望說太多讓人感覺拘束的內容，但這次的食譜，是使用了維生素豐富的水果，搭配利用同為發酵食品的玄米甜酒製作的冰淇淋以及豆腐奶油等，全部都是對身體有益的食材，能不加思索地品嚐也是我在安排食材時的重點。

不過，比起健康，我規劃這些食譜時，是將「好吃！」放在更重要的位置思考的。沒有實踐長壽料理的各位如果也願意做做看，將是我莫大的榮幸。

Profile
今井洋子（Imai Yoko）

辻製菓專門學校畢業後，進入SAZABY株式會社服務。負責開發「Afternoon Tea TEAROOM」的食譜。離職後成為自由工作者，專為企業或咖啡店進行商品或食譜的開發等。管理長壽料理教室「roof」。也在「organic base」擔任講師。著有『roofのやさしい焼き菓子教室』、『マクロビオティックの蒸しパウンドケーキ&焼きパウンドケーキ』（兩者皆為河出書房新社出版）等書。

TITLE

排隊店的水果甜點在家做

STAFF

出版　瑞昇文化事業股份有限公司
編者　辰巳出版株式会社編集部
譯者　張華英

總編輯　郭湘齡
責任編輯　黃思婷
文字編輯　黃雅琳　黃美玉
美術編輯　謝彥如
排版　二次方數位設計
製版　明宏彩色照相製版股份有限公司
印刷　桂林彩色印刷股份有限公司
法律顧問　經兆國際法律事務所　黃沛聲律師

戶名　瑞昇文化事業股份有限公司
劃撥帳號　19598343
地址　新北市中和區景平路464巷2弄1-4號
電話　(02)2945-3191
傳真　(02)2945-3190
網址　www.rising-books.com.tw
Mail　resing@ms34.hinet.net

本版日期　2015年5月
定價　280元

國家圖書館出版品預行編目資料

排隊店的水果甜點在家做 / 辰巳出版株式会社編集部編著 ; 張華英譯. -- 初版. -- 新北市 : 瑞昇文化, 2015.02
96　面 ; 21 X 25.7　公分
ISBN 978-986-401-007-3(平裝)
1.水果 2.食譜
427.32　104001489